集成电路与光刻机

Integrated Circuit and Lithographic Tool

王向朝　戴凤钊　等　著

科学出版社

北京

内 容 简 介

光刻机是集成电路制造的核心装备，直接决定了集成电路的微细化水平。本书介绍了集成电路与光刻机的发展历程；重点介绍了光刻机整机、分系统与曝光光源的主要功能、基本结构、工作原理、关键技术等；简要介绍了计算光刻技术；最后介绍了光刻机成像质量的提升与光刻机整机、分系统的技术进步。

本书可供光刻机相关领域的科研与工程技术人员，以及关注集成电路与光刻机的社会各界人士阅读。

图书在版编目（CIP）数据

集成电路与光刻机 / 王向朝等著 . — 北京：科学出版社，2020.8
ISBN 978-7-03-065792-3

I.①集… Ⅱ.①王… Ⅲ.①集成电路②光刻设备 Ⅳ.① TN4
② TN305.7

中国版本图书馆 CIP 数据核字（2020）第 144559 号

责任编辑：钱　俊　陈艳峰 ／ 责任校对：杨　然
责任印制：赵　博 ／ 封面设计：无极书装

科学出版社 出版
北京东黄城根北街 16 号
邮政编码：100717
http://www.sciencep.com
北京建宏印刷有限公司印刷
科学出版社发行　各地新华书店经销
*
2020 年 8 月第 一 版　开本：890×1240　1/32
2024 年 11 月第六次印刷　印张：4 5/8
字数：70 000

定价：58.00 元

（如有印装质量问题，我社负责调换）

本书全体作者

王向朝　戴凤钊　李思坤
段立峰　施伟杰　唐　锋

前　言

PREFACE

集成电路的发展极大地改变了人们的生活方式，促进了经济繁荣、社会进步。伴随着应用领域的扩大，集成电路已经进入千家万户，深度融入于人们的生活。小到身份证、手机、可穿戴设备，大到高铁、飞机、高端医疗装备，都离不开集成电路。近年来，以 5G、物联网、人工智能、云计算、大数据等为代表的新一代信息技术快速发展。集成电路作为信息技术的核心基础，其重要性日益凸显，得到了社会的广泛关注。

集成电路自 20 世纪 50 年代诞生至今，一直按照摩尔定律向更高集成度发展。单个芯片上的晶体管数量已经由最初的数十个发展到现在的数十亿个。光刻机是集成电路制造的核心装备，其技术水平决定了集成电路的集成度，关乎摩尔定律的生命力。

光刻机是迄今为止人类所能制造的最精密的装备。

光刻机投影物镜被誉为成像光学的最高境界，其波像差需要控制到亚纳米量级，接近"零像差"。这个"零像差"是大视场、高数值孔径、短波长条件下的"零像差"，是在曝光过程中投影物镜持续受热情况下的"零像差"。实现这个"零像差"对投影物镜的镜片级检测、加工、镀膜，系统级的检测、装校，以及投影物镜像差的在线检测与控制都提出了极为严苛的要求。为保证产率，光刻机的工件台与掩模台需要非常高的加速度与运动速度。同时，工件台与掩模台在高速运动过程中需要保持几纳米的同步精度。难度远高于两架超音速飞机同步飞行的时候，将一架飞机中伸出的缝纫线，准确穿进另一架飞机上的针孔。如此高的难度使得光刻机的工件台/掩模台系统被誉为超精密机械技术的最高峰。另外，硅片面在光刻机高速扫描曝光过程中需要始终保持在投影物镜~100nm的焦深范围（相当于人类头发丝直径的几百分之一）之内，这对光刻机而言也是极高的技术挑战。

光刻机整机与分系统汇聚了光学、精密机械、控制、材料等众多领域大量的顶尖技术，很多技术需要做到工程极限。此外，各个分系统、子系统要在整机的控制下协同工作，达到最优的工作状态，才能满足光刻机严苛的技术指标要求。因此，光刻机是大系统、高精尖技术与工程极限高度融合的结晶，被誉为集成电路产业链"皇冠上的明珠"。

近两年，集成电路与光刻机成为了社会热点话题。最近经常有朋友问起"光刻机有哪些功能？在集成电路制造中起什么作用？""光刻机研发难度高，高在哪儿？"等问题。作者在光刻机领域从事科研工作近二十年，对集成电路与光刻机已经有很深的情结。最近一段时间，作者静下心来写下本书这些文字，介绍光刻机相关的知识，尝试回答朋友们的问题，也算是作者为自己热衷的事业尽一点力量。由于水平有限，书中不妥之处在所难免，敬请读者朋友批评指正。

作　者

2020 年 6 月 16 日

目 录
CONTENTS

第 7 章　计算光刻

第 8 章　光刻机成像质量的提升

第 1 章
集成电路发展历程

　　所谓集成电路是指采用半导体制造工艺，将一个电路所需的晶体管、电阻、电容等元件及它们之间的连接导线全部集成在一小块硅片上，然后封装在一个管壳内，成为具有一定电路功能的微型结构。从外观上看，集成电路是一个不可分割的完整器件，在体积、重量、功耗、寿命、可靠性及电性能等方面远远优于分立元器件组成的电路。而且成本低，便于大规模生产。集成电路的诞生与发展经历了一个相对漫长的过程，从 1904 年电子管的发明到 1947 年晶体管的发明经历了 40 余年。十余年后的 1958 年，第一块集成电路诞生。此后，集成电路按照摩尔定律沿着微细化之路快速发展，单个元器件越做越小，单颗芯片上集成的元器件数量越来越多。诞生至今短短60年，单颗芯片上的元器件数量以指数规律飞速增长，从初期的数十个增长到现在的数十亿个。半个多世纪的时间，集成电路技术飞速发展，使人类的生产生活方式发生了翻天覆地的变化。

1.1　从电子管到集成电路

1.1.1　从电子管到晶体管

1883 年，为了寻找电灯泡的最佳灯丝材料，爱迪生（Thomas Edison）在真空灯泡内的碳丝附近放置了一个铜薄片，希望它能阻止碳丝的蒸发。实验过程中，爱迪生发现当电流通过碳丝时，没有连接在电路里的铜薄片中也有电流通过，这一发现被命名为"爱迪生效应"[1]。1904 年，英国科学家弗莱明（John Ambrose Fleming，图 1-1）在真空玻璃管内封装入两个金属片，在给阳极板加上高频交变电压后，出现了"爱迪生效应"。交流电通过这个器件后变成了直流电。这种器件就是真空二极管，这是人类历史上的第一个电子器件[2]。图 1-2 所示为弗莱明发明的真空二极管。

图 1-1 英国科学家弗莱明

图 1-2 弗莱明发明的真空二极管

1906 年，美国发明家德福雷斯特（Lee de Forest，图 1-3）在真空二极管的基础上又加入一个电极，将真空二极管变成了真空三极管，实现了电流的放大功能。真空三极管的发明使人类第一次实现了电信号的放大，成为人类通向信息时代的里程碑事件 [3, 4]。但是由于电子管存在着制作工艺复杂、体积大、寿命短、能耗高、易损坏等缺点，其应用范围受到严重限制。

◆ 图 1-3　美国发明家德福雷斯特

美国贝尔实验室的物理学家肖克利（William Shockley）早在 1939 年就提出可以利用半导体代替真空管实现电信号的放大 [5]。1945 年，贝尔实验室加紧对固体电子器件的基础研究，专门成立半导体小组，计划对包括硅和锗在内的几种新材料进行应用开发，尝试用半导体材料制作放大器[5]。肖克利担任组长，成员包括理论物理学家巴丁（John Bardeen）和实验物理学家布拉顿（Walter Houser Brattain）。图 1-4 为 1948 年肖克利、巴丁和布拉顿在贝尔实验室工作时的照片。

图 1-4 肖克利（中）、巴丁（左）和布拉顿（右）在贝尔实验室，1948 年拍摄

在经过多次失败的尝试之后，1947 年 12 月 23 日，巴丁和布拉顿成功地演示了世界上第一个基于锗半导体

的、具有电信号放大功能的点接触式晶体管（图 1-5）[4, 5]。之所以命名为点接触式晶体管，是因为其结构中金属与半导体晶片只在一个点上有接触。然而，这种晶体管存在噪声大、频率低、放大率小、制造工艺复杂、适用范围窄等缺点。

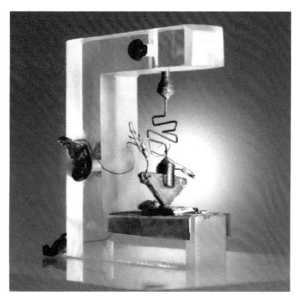

● 图 1-5　巴丁和布拉顿发明的点接触式晶体管[6]

点接触式晶体管诞生后，肖克利对半导体性能进行了更深入的研究，提出了"空穴"这一崭新的概念。并提出一种新型的晶体三极管结构，在半导体的两个 P 区中间夹一个 N 区就可以实现电信号的放大[4, 5]。肖克利给这种晶体管取名为结型晶体管。但是受限于当时的技术条件，直到 1950 年，肖克利才与他的合作者蒂尔（Gordon Teal）和斯帕克斯（Morgan Sparks）一起试制成功第一只锗基结型晶体管[5, 7]。图 1-6 为 1950 年蒂尔（左）和斯帕克斯（右）在贝尔实验室工作时的照片。

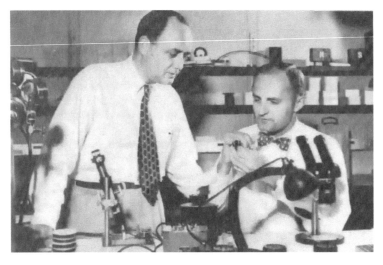

● 图 1-6　蒂尔（左）和斯帕克斯（右）在贝尔实验室，1950 年拍摄

　结型晶体管利用晶体中的电子和空穴的作用原理制成，是现代晶体管的雏形。它克服了点接触晶体管的不稳定性，而且噪声低、功率大，使得现代半导体工艺成为可能。1956 年，巴丁、布拉顿和肖克利因为发明了晶

8

体管而获得了诺贝尔物理学奖[5]。

早期制作晶体管的材料主要是锗，因为锗截止电压较低。但是锗容易产生热失控，而且锗晶体管的漏电流比较大，容易产生噪声。相比锗而言，硅是更适合制造晶体管的半导体材料。1954 年，从贝尔实验室离职到德州仪器公司（Texas Instruments，美国）的蒂尔研制出了第一个商用双极结型硅晶体管[8-11]。相比于锗晶体管，硅晶体管的性能显著提升，得到了广泛应用。

1959 年，美国仙童半导体公司（Fairchild Semiconductor）的赫尔尼（Jean Hoerni）发明了制造晶体管的平面工艺，显著降低了晶体管的制造难度和成本，提高了晶体管的性能[8, 10, 12-14]。平面工艺一经推出，就几乎淘汰了其他所有的晶体管制作工艺，使得仙童半导体公司成为了行业领导者。

1.1.2　从晶体管到集成电路

虽然晶体管的发明弥补了电子管的不足，但是为了制作电子线路，这个时期工程师不得不手工组装和连接各种分立元件，如晶体管、二极管、电容器等，电子线路的可靠性和生产效率都很低。虽然晶体管可以制作得很小，但是其中真正起作用的只是尺寸不到百分之一毫米的晶体，而在电路中不发挥作用的支架、管壳等却占据晶体管的大部分空间。

1952 年，英国皇家雷达研究所的科学家杰弗里·达默（Geffrey Dummer）提出了集成电路的概念，把晶体管、电阻、电容等元器件制作在一小块晶片上，形成一个完整电路。这样晶片能得到充分利用，晶体管密度可以提高几十至几千倍。电子线路占据的空间可显著降低，可靠性明显提高[15-17]。这就是集成电路的最初设想，但是当时还没有能够将其实现的制作工艺。

第一个将这种设想变为现实的是德州仪器公司的年轻工程师杰克·基尔比（Jack Kilby，图 1-7）。虽然在当时每一种基本元器件都有制造它的最好材料，但是基尔比认为电路的所有元器件都可用硅材料制作。基尔比本打算用硅制作集成电路，但是德州仪器公司没有合适的硅片，只得改用锗进行实验。

● 图 1-7　集成电路的发明人杰克·基尔比

　　1958 年 9 月 12 日，基尔比成功地在一块锗片上制作了若干个晶体管、电阻和电容器件，并用极细的导线通过热焊的方法将它们互连起来[15-17]。图 1-8 为基尔比发明的世界上第一块集成电路，其工作效能比使用离散元器件要高很多。集成电路重量轻、体积小、可靠性高、寿命长、成本相对低廉，便于大规模生产。2000 年，集成电路问世 42 年之后，基尔比因发明了集成电路被授予诺贝尔物理学奖[16]。诺贝尔奖评审委员会认为基尔比发明的集成电路"为现代信息技术奠定了基础"。

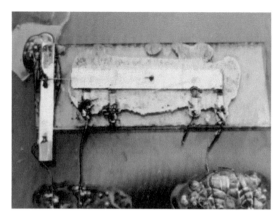

▲ 图 1-8　基尔比发明的世界上第一块锗集成电路[18]

　　仙童半导体公司凭借其发明的平面工艺，在硅晶体管制作技术方面占据了领先地位。相比于制作晶体管，平面工艺更适合制作集成电路。第一个将平面工艺用于制作集成电路的是仙童公司的联合创始人罗伯特·诺伊斯（Robert Noyce，图 1-9 ）。其基本思路是将晶体管、电阻、电容等器件和导线均用平面工艺制作在一块硅片上，使得电路可以采用与晶体管一样的工艺流程制作。诺伊斯先后解决了在硅片上制作电阻、电容的问题，并用铝材料以薄膜沉积的方式实现器件间的互连。1959 年 7 月，诺伊斯基于硅平面工艺，发明了世界上第一块硅集成电路（图 1-10 ）[19, 20]。

●图 1-9　集成电路的发明人罗伯特·诺伊斯

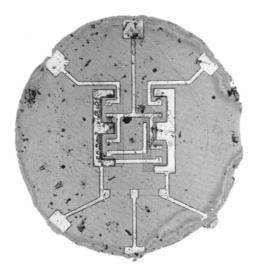

●图 1-10　诺伊斯发明的世界上第一块硅集成电路[19]

13

　　诺伊斯发明的集成电路与基尔比的相比有两大优点。第一，基尔比用的半导体材料是锗，而诺伊斯用的是硅。硅在自然界中含量极其丰富，使集成电路的材料成本大幅降低。第二，诺伊斯采用平面工艺制作导线，连接各个器件，基尔比则是通过手工焊接导线的方式连接。显然诺伊斯的工艺领先于基尔比，更适合工业生产。诺伊斯将平面工艺用于制造集成电路，为集成电路的大批量生产奠定了坚实的基础，人类从此由集成电路的"发明时代"进入了"商用时代"。

　　图 1-11 将电子管、晶体管与集成电路进行了对比。图中左边两个器件为电子管，中间六个器件为晶体管，右边上下两张照片是集成电路。

⬢图 1-11　电子管、晶体管与集成电路[66]

1.2　集成电路的发展与摩尔定律

1.2.1　摩尔定律的提出

1965 年，在首个平面晶体管问世 6 年后，仙童半导体公司的研发总监戈登·摩尔（Gordon Moore，图 1-12）在《电子学》杂志（*Electronics Magazine*）35 周年纪念刊上发表了一篇题为《让集成电路填满更多的元件》（*Cramming more components onto integrated circuits*）的论文，总结了从 1959 年到 1965 年集成电路复杂度增加的情况[21]。在这篇论文中，摩尔绘制了一幅曲线图（图 1-13），描绘了从 1959 年平面晶体管问世至 1965 年集成电路上的器件数量随时间的变化关系。这幅曲线图采用的是半对数坐标，表示时间的横轴采用分度均匀的普通坐标，而表示器件数量的纵轴则采用分度不均匀的对数坐标。在这种坐标图中，指数函数显示为直线。摩尔从这幅图中发现自 1959 年首款平面晶体管问世后，单个芯片上的元器件数量基本上是每年翻一倍，到 1965 年达到了 60 个[21]。摩尔预测集成电路的复杂度将至少在未来十年保持这个增长速度，到 1975 年单个芯片上将集成 65000 个元器件。事实证明这个跨三个数量级的预测相当准确[22]。

▲图 1-12　摩尔定律的提出者戈登·摩尔

1975 年英特尔公司推出一款当时最先进的存储芯片，该芯片大约集成了 32000 个元器件[22]，在数量级上与摩尔的预测一致。1975 年，摩尔在 IEEE 国际电子器件会议上所做的分析报告中，将单个芯片上晶体管数量的预测由"每年翻一倍"修订为"每两年翻一倍"[23]。后来几十年的数据证明，半导体芯片中可容纳的晶体管数目，约 18 个月增加一倍，为摩尔前后预测的翻倍时间的平均值，这也就是我们所熟知的摩尔定律[24]。

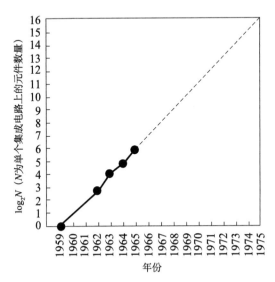

● 图 1-13　摩尔 1965 年绘制的集成电路集成度的逐年变化规律曲线[21]

1.2.2　集成电路集成度的提升

在摩尔定律的推动下，集成电路的集成度不断提高，先后经历了小规模集成电路（SSI，small-scale integration）、中等规模集成电路（MSI，medium-scale integration）、大规模集成电路（LSI，large-scale integration）、超大规模集成电路（VLSI，very large-scale integration）以及极大规模集成电路（ULSI，ultra-large-scale integration）等几个阶段，各种规模集成电路的产业周期以及芯片上的元器件数量如表 1-1 所示 [6, 25, 26]。

表 1-1　集成电路集成度的发展

集成电路类型	缩写	产业周期	芯片上元器件数量
小规模集成电路	SSI	20世纪60年代前期	2～50
中规模集成电路	MSI	20世纪60年代至70年代前期	50～5000
大规模集成电路	LSI	20世纪70年代前期至70年代后期	5000～100000
超大规模集成电路	VLSI	20世纪70年代后期至80年代后期	100000～10000000
极大规模集成电路	ULSI	20世纪90年代至今	> 10000000

　　1970 年，英特尔公司推出 1kB 动态随机存储器（DRAM）——1103（图 1-14（a）），标志着大规模集成电路的出现 [27, 28]。1978 年，64kB 动态随机存储器诞生，在不到 0.5cm^2 的面积上集成了 14 万个晶体管 [29]，标志着超大规模集成电路时代的到来。十年后的 1988 年，16MB 动态随机存储器问世，1cm^2 的面积上集成了 3500 万个晶体管 [30]，将半导体产业带入极大规模集成电路阶段。

　　在微处理器方面，1971 年英特尔公司推出世界上第一款微处理器——4004（图 1-14（b）），在一块 12mm^2 的芯片上集成了 2300 个晶体管 [31]。英特尔 4004 的推出开启了一个崭新的微处理器时代。此后英特尔先后推出了 8008、8086、286、386、486、奔腾系列、酷睿系列等多种型号的微处理器。技术水平从 1971 年的 10μm 工艺发展到 2019 年的 10nm 工艺。单个芯片上的晶体管数量从 2300 个增长到数十亿个。主频也从 4004 的 108kHz 发展到 4GHz。芯片性能和运算速度大幅提升[32-34]。图 1-15 为英特尔公司 2014 年推出的 14nm 工艺的微处理器芯片 Xeon E5-2600 V3，在 662mm^2 的面积上集成了 56.9 亿个晶体管[35]。

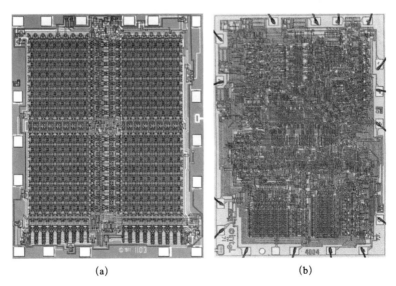

(a)   (b)

● 图 1-14　（a）英特尔公司 1970 年推出的存储器芯片 1103[27]；
（b）英特尔公司 1971 年推出的世界上首款微处理器芯片 4004[31]

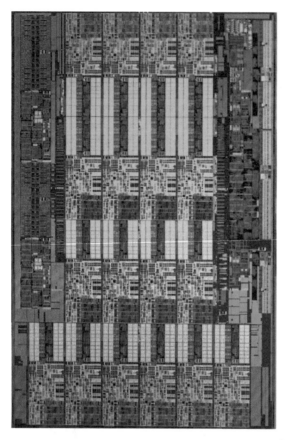

⚫ 图 1-15　英特尔公司的微处理器芯片 Xeon E5-2600 V3[35]

图 1-16 所示为 1971 年至 2018 年单个芯片上晶体管数量的增长规律[36-38]，可以看出晶体管数量一直按照摩尔定律呈指数规律增长。

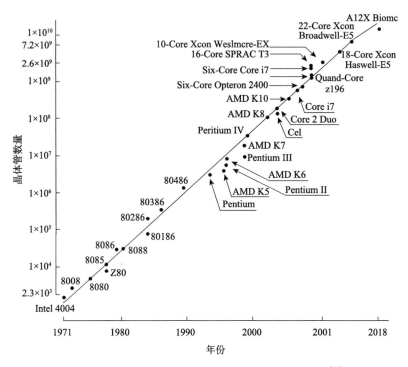

● 图 1-16　单个芯片上晶体管数量的逐年增长规律 [36]

1.2.3　集成电路成本的变化

摩尔最初描述的是集成电路上元器件数量的变化，而非单纯指晶体管数量的变化。除晶体管外，还包括电阻、电容、二极管等器件。早期许多集成电路上所包含的电阻数量要比晶体管多 [22]。需要注意的是，摩尔所定义的每个芯片上的元器件数量并非其最大值或平均值，而是使得每个元器件成本最低时对应的数量。一般而言，芯片上集成的元器件越多，单个元器件的成本越低。但是当数量超过一个临界值后，在给定的空间内集成更多的晶体管会降低芯片的良率，从而使得每个元器件的成本随之升高[22]。摩尔在 1965 年发表的论文（《让集成电路填满更多的元件》）中提出任何一代集成电路制造技术都有一条对应的成本曲线（图 1-17）[21]。随着集成电路制造的技术水平持续提升，单个元器件成本最低点对应的元器件数量越来越多，每个元器件的成本越来越低，从而催生出越来越复杂的集成电路。

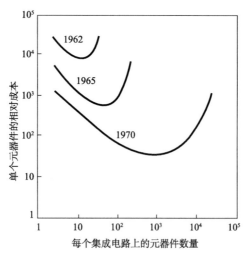

● 图 1-17　摩尔 1965 年绘制的集成电路上单个元器件的成本曲线[21]

图 1-18 所示为 130nm 至 10nm 技术节点集成电路成本的变化趋势。从图中可以看出，随着集成电路制造向更小技术节点发展，虽然单位面积芯片制造成本略有上升，但是单个晶体管的面积持续缩小，单个晶体管成本仍然保持下降趋势[39, 40]，这也是集成电路能够按照摩尔定律不断向更高集成度发展的根本驱动力[22]。

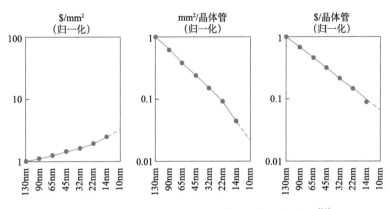

● 图 1-18　集成电路上单个晶体管成本的变化趋势[39]

1.2.4　集成电路的后摩尔时代

摩尔定律不是自然规律或者物理定律，在某种程度上它是一种自我实现的预言，是整个行业共同努力的目标。我们不能期望集成电路永远按照摩尔定律向微细化方向发展下去。随着晶体管尺寸越来越小，半导体工艺的研发越来越困难，研发成本也越来越高。晶体管的不断缩小要求源极和漏极之间的沟道不断缩短，当沟道缩短到一定程度时，就会产生量子隧穿效应。即使未加电压，源极和漏极也会有电流通过，即产生漏电现象，使得晶体管本身失去开关作用而无法正常工作，这就是晶体管的物理极限[41-43]。

根据物理定律，5nm 被认为是传统半导体栅极线宽的极限[44, 45]。然而，每次集成电路微细化遇到瓶颈时，总会有新的材料或结构被引入，用于克服传统工艺的局限。例如引入高 k 介质替代二氧化硅解决二氧化硅绝缘层漏电问题；引入 FinFET 技术，将晶体管的栅极由平面结构改为立体结构，加强栅极的控制能力；引入 FD-SOI 技术，采用氧化埋层减小漏电，解决沟道漏电问题等[43]。

在摩尔定律的引领下，当前集成电路的微细化进程正在逼近物理极限，进一步缩小关键尺寸变得非常困难。对于后摩尔时代集成电路的发展，业界给出了三个方向：深度摩尔定律（More Moore）、超越摩尔定律（More than Moore）与超越 CMOS（Beyond CMOS）[46]。More

Moore 方向在制造工艺、沟道材料、器件结构等方面进行技术研发，延续 CMOS 的发展思路，继续按照摩尔定律向微细化方向发展，每两到三年时间实现单个芯片的晶体管数量翻倍。对于 More Moore 方向，晶体管将从侧重于性能提升转向侧重于减小漏电的方向发展。而 More than Moore 方向，主要侧重于芯片功能的多样化。由新的应用需求驱动，依靠电路设计及系统算法优化提升系统性能，依靠先进封装技术将更多的功能模块集成在一起，而不再单纯地依靠晶体管关键尺寸的降低提升芯片性能。Beyond CMOS 方向则侧重于探索 CMOS 之外的新型基础器件，以提升电路性能，但无论采用哪种器件，都必须与现有 CMOS 工艺兼容[47-50]。

第 2 章
集成电路制造工艺

　　集成电路生产包括设计、制造与封装测试等几个环节。设计环节根据市场需求制定系统指标，确定芯片结构与各模块的电路功能。经过系统仿真验证后，由电路工程师按照电路功能设计芯片电路图。经过电路仿真验证后，再由版图工程师进行版图设计。经过验证后的版图进入制造环节，按照一定的工艺顺序逐层制作在硅片上，形成具有一定电路功能的微结构。制造完成后进入封装测试环节，将硅片进行切割，并对每个芯片进行封装与测试，形成最终的芯片。集成电路制造的主流工艺是平面工艺，光刻工艺是平面工艺的关键步骤，决定了集成电路的微细化水平。

2.1 平面工艺

　　当前集成电路制造的主流工艺还是延续 1959 年仙童半导体公司发明的平面工艺，几乎所有的数字或模拟集成电路都是采用平面工艺制作的。平面工艺是在半导体基底上通过氧化、光刻、扩散、离子注入等一系列工艺流程，制作出晶体管、电容、电阻等元器件，并且将它们互连起来的加工过程。一般而言，集成电路制造的各种工艺步骤可以概括为 3 类：薄膜沉积、图形化和掺杂。薄膜沉积用于制作导体薄膜（如多晶硅、铝、钨、铜等）和绝缘体薄膜（如二氧化硅、氮化硅等），分别用于互连和隔离半导体基底上的晶体管、电阻、电容等元器件。图形化用于在硅衬底和沉积薄膜上制作各种电路图形，主要包括光刻和刻蚀两种工艺。掺杂是通过对半导体各个区域进行选择性掺杂，在合适的电压下改变硅的导电特性，包括扩散掺杂和离子注入掺杂两种工艺。通过这些工艺的组合，可以在一块半导体衬底上制作出数十亿个晶体管等元器件，并将它们互连起来形成复杂的电子线路[22]。

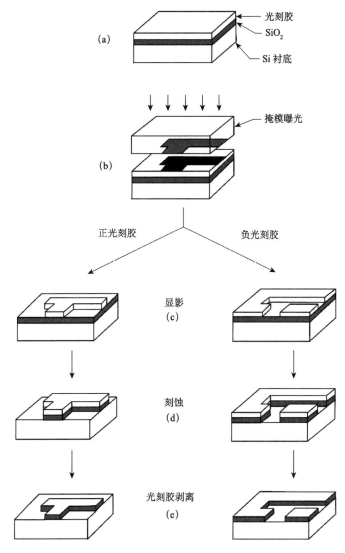

● 图 2-1 图形化工艺流程，左边的流程对应正光刻胶，右边的流程对应
负光刻胶[51]

　　图形化工艺是集成电路制造的核心工艺，集成电路复杂的微细三维结构就是通过图形化工艺实现的。首先通过光刻工艺，将掩模图形转印到光刻胶上。然后以此光刻胶图形为掩模，通过刻蚀工艺将图形转移到硅片上。光刻胶分为正胶和负胶两种类型，如图 2-1 所示。正光刻胶将掩模上的图形直接转移到硅片上，负光刻胶则将掩模上互补的图形转移到硅片上。除刻蚀工艺外，以光刻胶图形为掩模进行图形转移的工艺还有选择性沉积和离子注入两种[22]。

2.2 光 刻 工 艺

　　光刻工艺是集成电路制造的关键步骤。光刻胶图形为所有后续图形转移工艺提供了基础，直接决定了集成电路制造的微细化水平。光刻工艺是对光刻胶进行曝光和显影形成三维光刻胶图形的过程。光刻胶图形使得基底被部分覆盖，被覆盖的部分不会被下一步的刻蚀、离子注入等图形转移工艺影响，从而使得光刻胶图形可以转移到基底上。光刻工艺的主要步骤如图 2-2

所示，包括气相成底膜、旋转涂胶、软烘（前烘）、对准曝光、曝光后烘焙（后烘）、显影、坚膜烘焙和显影后检查等 8 个基本步骤[52]。图中 HMDS 是 hexamethyl disilizane 的缩写，指六甲基二硅胺烷，用于对硅片进行成膜处理。

（1）气相成底膜　　（2）旋转涂胶　　（3）软烘　　（4）对准曝光

（5）曝光后烘焙　　（6）显影　　（7）坚膜烘焙　　（8）显影检查

● 图 2-2　光刻工艺主要步骤[52]

集成电路整个制造过程中，光刻步骤至少要重复 10 次，一般要重复 25～40 次，而且每次通过光刻在硅片上形成的图形都要与上一层图形对准。光刻工艺的重要性体现在两个方面：

（1）在集成电路制造过程中需要进行多次光刻，光刻成本占集成电路制造成本的 30% 以上。

（2）光刻技术水平限制了集成电路的性能提升及关键尺寸的进一步减小 [22]。光刻工艺的核心是对准和曝光，而对准和曝光是由光刻机实现的。

第 3 章

光刻机技术的发展

　　光刻机是决定集成电路关键尺寸、集成度以及终端产品性能的关键设备。其曝光方式先后经历了接触式、接近式和投影式三个阶段。而投影光刻机又经历了扫描投影、分步重复投影与步进扫描投影等几个阶段。步进扫描投影光刻机解决了大曝光场与高分辨率之间的矛盾，将光刻机的发展带入了一个崭新的阶段。随着曝光波长的不断减小、投影物镜数值孔径的持续增大以及各种分辨率增强技术的应用，步进扫描投影光刻机的分辨率持续提升。

3.1 接近 / 接触式光刻机

早期的光刻机主要是接触式光刻机和接近式光刻机。20世纪六七十年代，接触式光刻机是集成电路制造的主流光刻设备。接触式光刻机曝光过程中掩模与硅片上的光刻胶直接接触，光透过掩模图形对光刻胶曝光。如图3-1所示，掩模和涂胶硅片分别置于掩模台和承片台上，掩模台和承片台都有 X、Y、Z 三个方向调节与旋转定位功能。然后通过分立视场显微镜同时观察掩模版和硅片，操作者通过手动控制掩模台和承片台实现掩模图形和硅片图形的对准。对准完成后，掩模版和硅片表面的光刻胶涂层直接接触。由汞灯发出的紫外光对硅片进行曝光，实现掩模图形到硅片面的转移[52]。接触式曝光的优点是掩模与光刻胶直接接触，可以有效减小光衍射效应的影响；缺点是掩模版和光刻胶直接接触会污染、损坏掩模版和光刻胶层，缩短掩模的使用寿命，且极易形成图形缺陷，影响良率[53, 54]。

为了解决上述问题，20 世纪 70 年代半导体工业开始采用接近式光刻机[55]。与接触式光刻机不同，接近式光刻机在掩模和硅片之间留有微小的间距，有效减少了掩模与光刻胶层的污染和损坏。接近式光刻机与接触式光刻机结构相似，主要区别仅在于掩模和硅片是否接触，因此接触式光刻机和接近式光刻机通常合称为接近 / 接触式光刻机，如图 3-1 所示。为了得到更高分辨率，需要减小掩模版与硅片的间距，而当间距接近几十微米时，就很难再减小。由于光学衍射效应的影响，接近式光刻机的分辨率在当时只能达到 3μm 左右[56]。

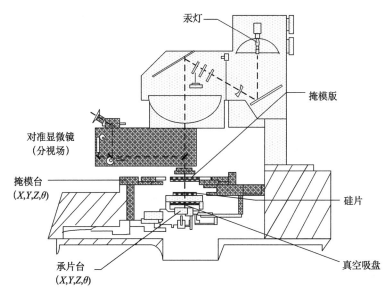

汞灯

掩模版

对准显微镜
（分视场）

掩模台
(X,Y,Z,θ)

硅片

承片台
(X,Y,Z,θ)

真空吸盘

▲ 图 3-1 接近 /接触式投影光刻机结构示意图[52]

3.2 投影光刻机的发展

3.2.1 投影光刻机的诞生

为了解决接近 / 接触式光刻机存在的掩模和光刻胶污染、损坏以及分辨率低等问题，1973 年 Perkin Elmer 公司（美国）推出了世界上首台扫描投影光刻机 Micralign [57, 58]。与接近式光刻机不同，扫描投影光刻机在工作过程中将掩模上的图形投影成像到硅片面，其原理如图 3-2 所示。该扫描投影光刻机上安装有带有狭缝的、数值孔径为 0.17 的反射式投影光学系统。当采用波长为 400nm 的汞灯光源照明时，光刻分辨率为 2μm[56]。汞灯发出的光经过狭缝后成为均匀的照明光，经反射镜照射到硅片上。由于狭缝尺寸较小，为了实现全硅片曝光，需要在整个硅片面上进行扫描曝光。光刻机工作过程中，掩模和硅片分别置于扫描台上。扫描台在曝光时同步移动扫描，使得经过狭缝的光束同时扫描掩模和硅片，实现掩模图形在硅片上光刻胶中的曝光。由于掩模和硅片明显分开，解决了掩模和光刻胶的污染、损坏等问题[54, 56]。

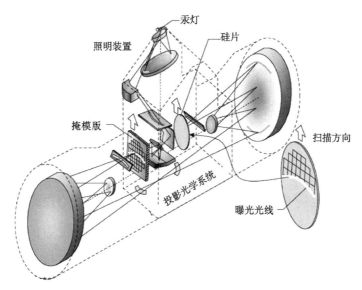

掩模版　汞灯　照明装置　硅片　扫描方向　投影光学系统　曝光光线

●图 3-2　扫描投影光刻机示意图[52]

3.2.2　投影光刻机曝光方式的演变

1973 年，Perkin Elmer 公司的 Micralign 光刻机推出后，投影光刻机逐渐取代接近/接触式光刻机，成为集成电路制造的主流机型。为了满足集成电路发展的要求，投影光刻机的曝光方式先后经历了扫描投影曝光、分步重复投影曝光和步进扫描投影曝光等几个发展阶段。

如图 3-3 所示，扫描投影曝光通过一次扫描过程完成整个硅片的曝光。分步重复投影曝光每次曝光一个场，然后步进到下一个场进行曝光，直至完成整个硅片的曝光。而步进扫描投影曝光结合了扫描投影曝光和分步重复投影曝光的特点，与分步重复曝光方式相同，每次曝光一个场，但是每个场的曝光通过扫描的方式完成。一个场曝光完成后，硅片步进到下一个场继续进行扫描曝光，直至完成整个硅片的曝光。下面简要介绍投影光刻机从扫描投影到分步重复投影再到步进扫描投影的发展过程。

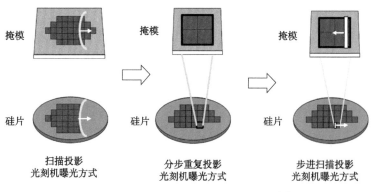

△ 图 3-3　投影光刻机曝光方式的演变[22]

3.2.2.1　从扫描投影到分步重复投影

扫描投影光刻机采用的是 1∶1 的缩放比例，掩模与硅片尺寸相同。随着芯片关键尺寸的不断缩小，由于掩模上的图形必须保持等比例缩小，使得掩模的加工制作越来越困难。而且扫描过程中微振动引入的图形失真等问题同样不容忽视。分步重复式投影光刻机采用缩小倍率的投影物镜，解决了这些问题，得到了业界的关注。1978 年，GCA 公司（Geophysical Corporation of America，美国）推出了世界上首台商用分步重复式投影光刻机 DSW4800[59, 60]。图 3-4 为分步重复式投影光刻机曝光过程示意图。硅片上包含若干个曝光场，每次曝光一个场。一个场曝光完成后，工件台带动硅片步进到下一个场进行曝光，直至完成整个硅片的曝光。曝光过程中，工件台与掩模台保持静止，减小了振动引起的图形失真。此外，由于分步重复式投影光刻机采用了缩小倍率（4∶1、5∶1 或 10∶1）的投影物镜系统，掩模设计制造的难度和成本显著降低。

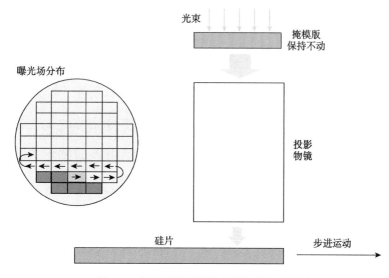

图 3-4　分步重复式投影光刻机曝光示意图

表 3-1 给出了 1978 年至 1993 年，分步重复式投影光刻机的投影物镜倍率和视场、曝光波长以及分辨率的演进情况[58, 61]。GCA 公司推出的 DSW4800 光刻机采用汞灯的 g 线（436nm）作为曝光波长，投影物镜的缩小倍率为 10 倍，数值孔径为 0.28，视场为 10mm×10mm，分辨率为 1.4μm。通过增大投影物镜数值孔径以及减小曝光波长，分步重复式光刻机的分辨率不断提高，20 世纪 90 年代采用 248nm 的 KrF 曝光光源，分辨率达到 250nm。为满足集成电路的发展对曝光视场的需求，1978 年到 1993 年，分步重复式投影光刻机的投影物镜视场也在

逐渐增大，从 10mm×10mm 增大到 22mm×22mm。

表 3-1　分步重复式投影光刻机的发展（1978 年～ 1993 年）

年份	缩小倍率	视场	曝光波长	分辨率
1978年	10：1	10mm×10mm	436nm	1.4μm
1985年	5：1	14mm×14mm	436nm	1.0μm
1990年	4：1	20mm×20mm	365nm	0.5μm
1993年	4：1	22mm×22mm	248nm	0.25μm

3.2.2.2　从分步重复投影到步进扫描投影

随着集成电路的发展，芯片的集成度越来越高，尺寸不断增大。集成度的提高要求光刻机投影物镜具有更高的分辨率，需要增大数值孔径。芯片尺寸的增大则要求光刻机在实现高分辨率的同时增大曝光场。对于分步重复式光刻机，增大曝光场需要增大投影物镜视场，设计与制造同时具有大视场和大数值孔径的投影物镜难度非常大[56]。

1990 年，SVGL 公司（Silicon Valley Group Lithography，美国）推出了世界上首台步进扫描投影光刻机 Micrascan I，在投影物镜视场大小一定的情况下，通过扫描实现更大的曝光场。相比分步重复式投影光刻机，步进扫描投影光刻机可以在大数值孔径下，以较小的视场实现更大的曝光场。明显降低了对投影物镜视场大小的要求，减小了投影物镜的研发难度[62]。

扫描曝光的基本原理如图 3-5 所示，图 3-5（a）给出了场内扫描与场间步进的曝光路径，图 3-5（b）为场内扫描曝光原理示意图。曝光过程中，曝光狭缝位置保持不变，在曝光当前场时，承载硅片的工件台和承载掩模的掩模台反向同步运动，实现整个场的扫描曝光。当前场曝光结束后，工件台步进到下一个曝光场重复扫描曝光过程，直至完成整个硅片的曝光。

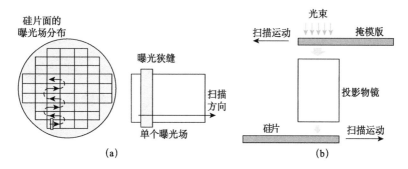

● 图 3-5　步进扫描投影式曝光原理
（a）步进扫描路径示意图；（b）扫描曝光原理示意图

3.2.3　步进扫描投影光刻机的发展

SVGL 公司最初推出的步进扫描投影光刻机

Micrascan I 的曝光狭缝为环形狭缝，如图 3-6（a）所示。曝光场在非扫描方向的宽度为 20mm，通过扫描实现 20mm×32.5mm 的曝光场[63]。1993 年，SVGL 公司推出步进扫描投影光刻机 Micrascan II，将曝光狭缝升级为现在通用的条状狭缝，如图 3-6（b）所示。曝光场在非扫描方向的宽度升级为 22mm，经扫描形成 22mm×32.5mm 的曝光场。1997 年推出的 Micrascan III 则将曝光场非扫描方向的宽度升级为 26mm[63]。当前主流的步进扫描投影光刻机在非扫描方向的视场尺寸均为 26mm，沿扫描方向扫描后形成 26mm×33mm 的曝光场。

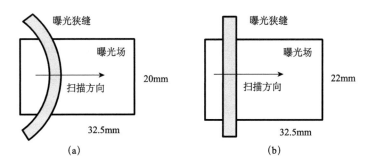

● 图 3-6　步进扫描投影光刻机（a）Micrascan I 和（b）Micrascan II 的曝光狭缝与曝光场[58]

SVGL 公司 1993 年推出的 Micrascan II 的分辨率为 350nm，曝光波长为 250nm（汞灯），投影物镜数值

孔径 NA 为 0.35，缩放倍率为 4∶1[58]。1995 年，Nikon
公司推出其首台步进扫描投影光刻机 NSR-S201，这也
是世界上首台商用 KrF（波长 248nm）步进扫描投影光
刻机，分辨率达到 250nm[59, 60]。1997 年，ASML 公司
（Advanced Semiconductor Material Lithography，荷兰）
推出其首台 KrF 步进扫描投影光刻机 PAS 5500/500，
NA 为 0.63，分辨率达到了 220nm[59, 60, 64]。产率达到
了 96wph（wafer per hour），在当时处于行业领先地位。
同年，Canon 公司也推出了其首台 KrF 步进扫描投影光
刻机 FPA-4000ES1[59]。

步进扫描投影光刻机推出后，逐渐成为集成电路
制造的主力机型，发挥着无可替代的作用。自诞生至今
步进扫描投影光刻机已经历 30 年，当今最先进的光刻
机——EUV 光刻机采用的同样是步进扫描投影曝光方
式，在 7nm 技术节点集成电路制造中发挥着关键作用，
并将支撑集成电路向 5nm 及以下技术节点迈进。

3.3 光刻分辨率的提升

投影光刻机是集成电路制造的主流机型。对投影光刻技术而言，光刻分辨率由瑞利公式决定，即 $R=k_1\lambda/NA$，其中 R 表示光刻分辨率，λ 为曝光波长，k_1 为工艺因子。k_1 与照明方式、掩模类型、光刻胶显影工艺等相关。由瑞利公式可以看出提高光刻分辨率的方法包括：减小曝光波长 λ、增大投影物镜的数值孔径 NA，采用分辨率增强技术降低工艺因子 k_1 等。表 3-2 列举了自 1978 年 GCA 公司推出世界上首台商用分步重复式投影光刻机 DSW 4800 至今，光刻分辨率的演变过程[59, 60, 64-70]（以 ASML 光刻机为例）。除第一行以外，表中的每一行表示 ASML 光刻机的分辨率、首次实现该分辨率的年份，以及对应的光刻机机型、曝光波长、数值孔径和工艺因子情况。

曝光波长方面，高压汞灯光源的 g 线（436nm）、i 线（365nm）相继被采用。KrF 和 ArF 准分子激光器技术成熟后也相继被应用于光刻机，曝光波长先后减小到 248nm 和 193nm。随着曝光波长从 436nm 减小到 193nm，光刻分辨率也从 1.4μm 提升到 38nm。

表 3-2　不同的光刻分辨率 R 对应的曝光波长 λ、
数值孔径 NA 以及工艺因子 k_1

分辨率R	年份	机型	曝光波长λ	数值孔径NA	工艺因子k_1
1.4μm	1978	GCA 4800	436nm	0.28	0.90
0.7μm	1987	PAS 2500/40	365nm	0.40	0.77
250nm	1995	PAS 5500/300	248nm	0.57	0.57
220nm	1997	PAS 5500/500	248nm	0.63	0.56
100nm	2000	PAS 5500/1100	193nm	0.75	0.39
58nm	2004	TWINSCAN XT：1400	193nm	0.93	0.28
38nm	2007	TWINSCAN XT1900i	193nm	1.35	0.27
27nm	2010	NXE 3100	13.5nm	0.25	0.50
18nm	2012	NXE 3300	13.5nm	0.33	0.44
13nm	2017	NXE 3400	13.5nm	0.33	0.32
8nm	2020	NXE High NA	13.5nm	0.55	0.32

数值孔径方面，如表 3-2 所示。数值孔径从初期的 0.28 持续增大，到 2007 年达到了最大值 1.35，为光刻分辨率的提升起到了非常重要的作用。在 248nm 曝光波长不变的情况下，随着投影物镜数值孔径从 0.57 增加到 0.63，光刻分辨率从 250nm 提升到 220nm；对于 193nm 曝光波长，数值孔径从 0.75 增大到 0.93，结合分辨率增强技术，光刻分辨率从 100nm 提升到 58nm。

通过引入浸液曝光技术，在投影物镜的最后一片透镜与硅片之间填充折射率为 1.437 的超纯水，投影物镜数值孔径达到 1.35[22]。采用多种分辨率增强技术，单次曝光分辨率可以达到 38nm。结合多重图形技术，193nm 浸液光刻机已用于 10nm 乃至 7nm 技术节点集成电路的量产[65]。

除减小曝光波长和增大数值孔径之外，通过分辨率增强技术降低工艺因子 k_1 也是提升光刻分辨率的有效手段。主要的分辨率增强技术包括离轴照明（OAI）、光学邻近效应修正（OPC）、相移掩模（PSM）、偏振照明和光源掩模联合优化（SMO）等技术[22]。

如表 3-2 所示，随着曝光波长从 193nm 减小到极紫外（extreme ultraviolet，EUV）光刻的 13.5nm，光刻分辨率也从 38nm 提升到 27nm。随着 EUV 光刻机数值孔径的增大以及工艺因子的降低，光刻分辨率持续提升，2017 年已经达到 13nm。如前所述，EUV 光刻机也已经应用于 7nm 技术节点集成电路的制造。随着数值孔径的进一步增大，EUV 光刻机的分辨率将进一步提升。

第 4 章
光刻机整机系统

　　光刻机包括照明、投影物镜、工件台/掩模台、对准、调焦调平、掩模传输、硅片传输等分系统，主要性能指标有分辨率、套刻精度和产率。随着集成电路的发展，光刻机性能指标不断提升，双工件台技术与浸液技术相继被采用，采用全反射式光学系统的极紫外光刻机已经用于集成电路量产。为了满足不断提升的性能指标要求，光刻机不断突破光学、精密机械、控制、材料等领域的技术瓶颈，实现了大系统、高精尖技术与工程极限的高度融合，已成为集成电路产业链"皇冠上的明珠"。

4.1 光刻机整机基本结构

　　集成电路制造过程中，光刻机的作用是将承载集成电路版图信息的掩模图形转移到硅片面的光刻胶内。图形转移是通过对光刻胶进行曝光实现的。如图 4-1 所示，光束照射掩模后，一部分穿过掩模继续传输，一部分被阻挡，从而将掩模图形投射到光刻胶上。光刻胶被光照射的部分发生光化学反应，而未被光照射的部分不发生光化学反应，从而将掩模图形转移到光刻胶内。不同类型的光刻机将掩模图形曝光到光刻胶内的方式不同，接近 / 接触式光刻机直接将掩模图形曝光到光刻胶上，而投影光刻机则通过成像的方式将掩模图形曝光到光刻胶上，穿过掩模的光被投影物镜汇聚到光刻胶上形成掩模图形的像，实现光刻胶的曝光。

　　图 4-2 为投影光刻机基本结构示意图。为了将掩模图形以成像的方式曝光到光刻胶内，投影光刻机首先需要一个投影物镜系统，将掩模图形成像到硅片面。实现

成像需要对掩模图形进行照明，投影光刻机还需要光源和照明系统，光源发出的光经过照明系统后形成满足掩模照明要求的照明光束。

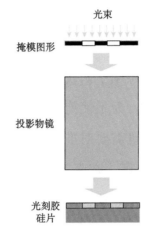

◎图 4-1 投影光刻机掩模图形转移示意图

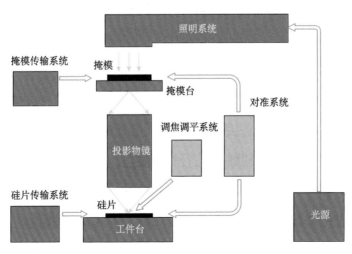

◎图 4-2 投影光刻机基本结构示意图

将掩模图形投影成像到硅片面，需要使掩模面位于投影物镜的物面，硅片面位于投影物镜的像面，投影光刻机还需要分别承载掩模与硅片并控制其位置的掩模台与工件台。

曝光时硅片面必须处于投影物镜的焦深范围之内，因此光刻机需要调焦调平系统，精确测量并调整硅片面在光轴方向的位置。为了使掩模图形精准曝光到硅片面的对应位置，光刻机需要对准系统，精确测量并调整掩模与硅片的相对位置，在曝光之前实现掩模与硅片的对准，使掩模图形在硅片上的曝光位置偏差在容限范围之内。

投影光刻机还需要掩模传输系统和硅片传输系统，用于自动传输、更换掩模和硅片。

光刻机分辨率的不断提升是集成电路按照摩尔定律持续微细化的关键要素，而投影物镜的数值孔径是光刻机分辨率提升的直接制约因素。光刻机分辨率的持续提升要求投影物镜的数值孔径越来越大。传统的投影光刻机为干式光刻机，即投影物镜和硅片之间的介质为空气，数值孔径的理论最大值为 1.0。为了持续提升数值孔径，光刻机结构由干式升级为浸液式，在投影物镜和硅片之间填充超纯水，使得数值孔径突破了 1.0 的限制，最大达到 1.35。为实现浸液曝光，光刻机中增加了液体供给与回收装置，如图 4-3 所示。

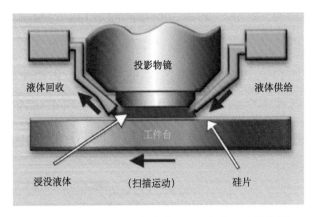

● 图 4-3　浸液光刻机液体供给与回收装置示意图[71]

　　为了降低芯片制造成本，2000 年左右硅片直径从 200mm 升级到 300mm，硅片上的芯片数量增加一倍，使得芯片的制造成本降低了 30%[72]。对于光刻机而言，硅片直径增大，意味着需要增大工件台尺寸，对于单个硅片需要曝光更多的场。为保证光刻机的产率（每小时曝光的硅片数量）不降低，工件台需要具有更快的运动速度。同时，集成电路特征尺寸的持续减小，还需要工件台具有更高的定位精度。单工件台同时满足更大尺寸、更快速度以及更高的定位精度等几个条件是极其困难的[73]。

为解决上述问题，光刻机由单工件台结构升级为双工件台结构，如图 4-4 所示。双工件台工作时，一个工件台上进行硅片曝光，另一个工件台上对新的硅片进行对准与调焦调平测量。测量与曝光同时进行，使得光刻机可以实现更高的产率。除提高产率外，相对于单工件台光刻机，双工件台光刻机有更多时间进行对准和调焦调平测量，可以在不影响产率的前提下对硅片进行更精确的对准和调焦调平，从而支撑更小特征尺寸的芯片制造。

▲ 图 4-4　光刻机双工件台结构示意图[74]

图 4-5 为 ASML 公司的浸液式、双工件台步进扫描投影光刻机 NXT：1980Di 的系统结构图。

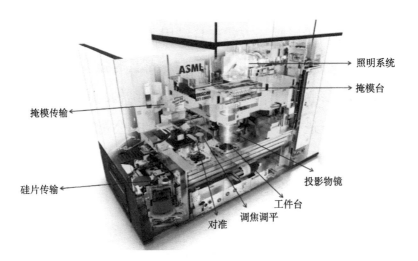

照明系统

掩模台

掩模传输

硅片传输

投影物镜

工件台

调焦调平

对准

● 图 4-5　ASML 浸液式、双工件台步进扫描投影光刻机 NXT：
1980Di 系统结构图 [75]

193nm 浸液光刻机结合多种分辨率增强技术，已经实现 10nm 乃至 7nm 技术节点集成电路的量产。但是随着集成电路特征尺寸的减小，采用 193nm 浸液光刻机，需要越来越复杂的制造工艺，制造成本也随之大幅增加。而且 193nm 浸液光刻机很难支撑集成电路向 5nm 及以下技术节点发展。相比于深紫外（deep ultraviolet，DUV）光刻机，极紫外（extreme ultraviolet，EUV）光刻机的曝光波长大幅减小，直接由 193nm 减小为 13.5nm，能够以相对简单的制造工艺实现更高的光刻分辨率，且可以支撑集成电路向更小技术节点发展。EUV 光刻机依然采用步进扫描投影曝光方式，且沿用了双工件台结构。对于 13.5nm 波长的光，几乎所有材料都具有强吸收性，因此 EUV 光刻机的投影物镜采用反射式结构，曝光过程在真空环境下进行。目前全球仅有 ASML 公司能够制造商用的 EUV 光刻机，图 4-6 为该公司的 EUV 光刻机（机型：NXE 3350B）图片。

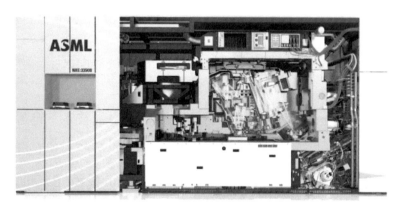

⬥ 图 4-6　ASML 公司的 EUV 光刻机 NXE 3350B[76]

4.2 光刻机主要性能指标

　　光刻机在集成电路制造中将掩模图形转移到硅片面，评价光刻机性能主要有三个指标，即分辨率（resolution）、套刻精度（overlay）和产率（throughput）。简而言之，分辨率评价光刻机转移图形的微细化程度，套刻精度评价图形转移的位置准确度，而产率则评价图形转移的速度。

4.2.1　分辨率

　　光刻分辨率一般有两种表征方式，即 pitch 分辨率（pitch resolution）和 feature 分辨率（feature resolution）。如图 4-7 所示，pitch 分辨率是指光刻工艺可以制作的最小周期的一半，即 half-pitch（hp）。而 feature 分辨率是指光刻工艺可以制作的最小特征图形的尺寸，即特征尺寸（feature size），又称为关键尺寸（critical dimension，CD）[22, 77]。

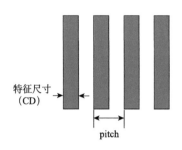

特征尺寸
(CD)

pitch

● 图 4-7　光刻分辨率示意图

Pitch 分辨率决定了芯片上晶体管之间的距离，影响芯片的成本。feature 分辨率决定了芯片上每个晶体管的大小，决定了芯片的运行速度和功耗。两种分辨率都很重要。pitch 分辨率直接受限于光刻机投影物镜的数值孔径和曝光光源的波长，由瑞利公式给定，即 hp=$k_1\lambda/NA$。而 feature 分辨率受限于对特征图形 CD 的控制能力。虽然没有明显的物理极限，但是随着特征图形变小，其 CD 控制难度逐渐增大。

关键尺寸均匀性（critical dimension uniformity，CDU）也是影响集成电路性能的关键指标，CDU 指标与 CD 大小密切相关，一般要求控制到 CD 的 10% 左右[78]。对光刻机而言，分辨率主要指 pitch 分辨率。对于占空比为 1：1 的周期性结构，CD 与 hp 相同，即 CD = hp =$k_1\lambda/NA$。

4.2.2　套刻精度

集成电路制造需要经过几十甚至上百次的光刻曝光过程[65]，将不同的掩模图形逐层转移到硅片上，从而形成集成电路的复杂三维结构。每一层图形都需要精确转移到硅片面上的正确位置，如图 4-8（a）所示，使其相对于上一层图形的位置误差在容限范围之内。套刻精度（overlay）用于评价硅片上新一层图形相对于上一层图形的位置误差（套刻误差）大小，如图 4-8（b）所示。

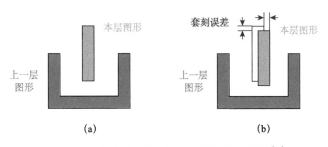

🔺 图 4-8　（a）套刻与（b）套刻误差示意图[79]

芯片制造对套刻精度的要求与 CD 密切相关。CD 越小，要求套刻精度越高。一般而言，套刻精度要小于 CD 的 30%。多重图形技术（multi-patterning）的引入，对套刻精度提出了更高的要求，要求小于 CD 的 15%[72]。

套刻误差会降低芯片层与层之间电气连接的可靠性，影响芯片的电气性能。如果套刻误差超过容限，可能造成短路或者断路，使得芯片不能正常工作，直接影响芯片制造的良率。

对于光刻机而言，套刻精度主要受限于对准系统的测量精度和工件台/掩模台的定位精度。此外，投影物镜的像差会引起掩模图形在硅片面的成像位置偏移，也是影响套刻精度的重要因素。

4.2.3　产率

产率是指光刻机单位时间曝光的硅片数量，一般用每小时曝光的硅片数量（wafer per hour，wph）表示。光刻机的产率影响芯片制造厂（Fab 厂）的利润率，提高产率可以降低芯片的制造成本。

Fab 厂的建设需要投入巨额资金，而芯片制造设备的购置费用占其中很大的比例。因此，设备折旧费用是芯片制造成本的重要组成部分。通过提高设备产率，将设备折旧费分摊到更多的硅片中，可降低每个芯片的制造成本，从而提升 Fab 厂的利润率。光刻机是 Fab 厂最昂贵的设备，其单台售价动辄千万美元，甚至超过一亿美元。

投影光刻机的产率与光刻机的光源功率、曝光场大小、曝光剂量、硅片上的曝光场数量、工件台步进速度等因素有关。对于步进扫描投影光刻机，产率还受限于工件台与掩模台的同步扫描速度。

4.2.4　性能指标的提升

随着集成电路的发展，光刻机的分辨率、套刻精度、产率等主要性能指标不断提升。表 4-1 列出了 1987年至 2018 年 ASML 公司推出的 PAS 系列和 TWINSCAN系列光刻机（部分机型）的分辨率、套刻精度和产率指标。从表中可以看出随着光刻机分辨率从 1987 年的 700nm 提升至 2007 年的 38nm，套刻精度从 150nm 提升到 4.6nm，产率从 55wph 提升到 131wph。

光刻机的分辨率由瑞利公式确定。对于 193nm 曝光波长的 ArF 浸液光刻机，数值孔径 NA 最大达到 1.35，而 k_1 因子的理论最小值为 0.25，由瑞利公式得到的光刻分辨率理论极限值为 35.7nm。2007 年 ASML 公

司推出的 ArF 浸液光刻机 TWINSCAN XT 1900i 实现
了 38nm 的分辨率，已经接近理论极限值。后续推出的
TWINSCAN 系列 ArF 浸液光刻机的分辨率没有进一步
提升，仍为 38nm，主要性能提升体现在套刻精度与产率
方面。

表 4-1　ASML 公司 PAS 系列和 TWINSCAN 系列光刻机
（部分机型）性能指标

年份	机型	分辨率/nm	套刻精度/nm	产率/wph
1987	PAS 2500/40	700	150	55
1989	PAS 5000/50	500	125	50
1993	PAS 5500/60	450	85	56
1995	PAS 5500/300	250	50	80
1997	PAS 5500/500	220	45	96
2000	PAS 5500/1100	100	25	90
2004	TWINSCAN XT1400	58	7	124
2007	TWINSCAN XT 1900i	38	4.6	131
2009	TWINSCAN NXT：1950i	38	3.5	148
2013	TWINSCAN NXT：1970Ci	38	2.0	250
2015	TWINSCAN NXT：1980Di	38	1.6	275
2018	TWINSCAN NXT：2000i	38	1.4	275

　　从 2007 年至 2018 年，套刻精度从 4.6nm 逐步提升
到 1.4nm，产率从 131wph 逐步提升到 275wph。表中的
TWINSCAN NXT：2000i 目前仍为商用深紫外光刻机最
先进机型。随着套刻精度和产率的提升，38nm 分辨率

的光刻机与双重图形、多重图形等技术相结合，相继实现了 22nm、14nm、10nm 和 7nm 技术节点集成电路的量产。

4.3　光刻机的技术挑战

投影光刻机以成像的方式将掩模图形转移到硅片面，其成像质量对光刻机分辨率有着决定性的影响，也直接影响套刻精度。ArF 浸液光刻机 38nm 的分辨率已经非常接近理论极限，而 1.4nm 的套刻精度相当于人类头发丝直径的几万分之一。这些极端性能指标的实现对光刻机的成像质量要求极高。首先投影物镜的像差需要控制到亚纳米量级，接近"零像差"。这个"零像差"是大视场、高数值孔径、短波长条件下的"零像差"，是在曝光过程中投影物镜持续受热情况下的"零像差"。实现这个"零像差"对投影物镜的镜片级检测、加工、镀膜，系统级的检测、装校，以及投影物镜像差的在线检测与控制都提出了极为严苛的要求。

实现"零像差"必须将投影物镜的色差控制到极低

的水平。色差与光源线宽成正比。成像质量的不断提升，要求光源线宽不断变窄。目前用于 193nm 浸液光刻机的 ArF 准分子激光器的线宽已经压窄到 0.3pm。

步进扫描投影光刻机通过工件台与掩模台同步扫描实现掩模图形的转移。工件台与掩模台的同步运动误差是降低成像质量、影响光刻机分辨率和套刻精度的关键因素。为满足高成像质量和高产率的要求，工件台与掩模台需要达到很高的同步运动精度，同时还需要具备很高的加速度、速度和定位精度，这对超精密机械技术而言是极大的挑战。

为确保成像质量，工件台在高速扫描过程中，需要将硅片面的当前曝光场一直控制在投影物镜的焦深范围之内。当前最先进的 ArF 浸液光刻机的焦深在 100nm 以下，意味着工件台在扫描运动过程中，硅片面的当前曝光场在焦深方向的位置变化必须控制在 100nm 以内。100nm 相当于人类头发丝直径的几百分之一。为确保硅片面当前曝光场处于 100nm 焦深范围之内，要求调焦调平传感器达到几纳米的测量精度。

此外，光刻机性能指标的实现对照明、对准等分系统以及光刻机的整机控制、整机软件、运行环境等均提出了很高的要求。

光刻机整机与分系统汇聚了光学、精密机械、控制、材料等众多领域大量的顶尖技术，很多技术需要做到工程极限。此外，各个分系统、子系统要在整机的控制下协同工作，达到最优的工作状态，才能满足光刻机严苛的技术指标要求。因此，光刻机是大系统、高精尖技术与工程极限高度融合的结晶，是迄今为止人类所能制造的最精密的装备，被誉为集成电路产业链"皇冠上的明珠"。

第 5 章
光刻机曝光光源

光源为光刻机提供曝光能量。光源波长是影响光刻机分辨率的关键因素。为提高分辨率，光源波长不断缩短，从436nm、365nm缩短到248nm、193nm，再到13.5nm，波段由可见光到紫外、深紫外再到极紫外。436nm和365nm波长的曝光光源为汞灯，两个波长分别对应汞灯的g线和i线。248nm和193nm波长的曝光光源分别为KrF和ArF准分子激光器。当前商用的13.5nm波长的曝光光源是激光等离子体光源。

5.1 汞灯光源

　　汞灯因其发射的光谱范围较宽且具有较高的亮度，因此被用作光刻机的曝光光源。汞灯发射的光谱及各谱线的相对光强如图 5-1 所示。光刻机中最常用的谱线为波长 435.83nm 的 g 线、波长 404.65nm 的 h 线和波长 365.48nm 的 i 线[80]。

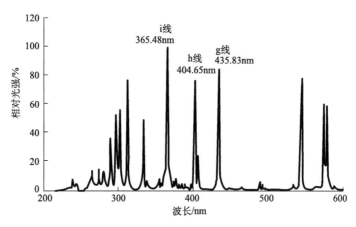

● 图 5-1　汞灯的发射光谱范围与相对光强[80]

　　汞灯的基本结构如图 5-2 所示。在熔融石英灯室中填充汞与惰性气体氩气或氙气，在灯室的阳极与阴极之间施加高频高电压，使得填充的惰性气体电离。放电使得灯室内的汞蒸发，并辐射出光。

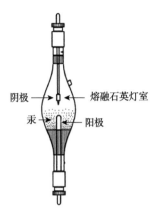

阴极 —— 　　　—— 熔融石英灯室

汞 —— 　　—— 阳极

● 图 5-2　汞灯基本结构示意图[81]

　　使用汞灯作为光刻机的曝光光源，其主要挑战是如何获得高功率、高能量稳定性和长的使用寿命。汞灯在高压放电状态下工作，其输出光功率仅是其输入电功率的 5% 左右。提升汞灯的输出功率需要提升输入的电功率或者提升转换效率。在实际使用时，电极材料持续沉积在灯室内壁上，会降低光辐射的输出。为保持光刻机的高产率，汞灯在使用几百个小时后需要更换。汞灯的功率稳定性主要由灯室的温度决定，在汞灯运行过程中，灯室的温度可达到 700 ℃ [81]。

5.2 准分子激光光源

　　当曝光波长缩短至深紫外区域，光刻机开始使用准分子激光器作为曝光光源，包括 248nm 波长的 KrF 准分子激光器和 193nm 波长的 ArF 准分子激光器。如图 5-3 所示，准分子激光器主要由激光腔、线宽压窄模块、高压电源、波长测量单元、能量探测单元等组成。

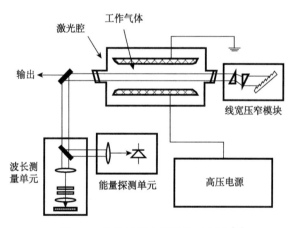

△ 图 5-3　准分子激光器结构示意图[81]

　　KrF、ArF 准分子激光器是脉冲型气体激光器，它的工作气体由常态下化学性质稳定的惰性气体原子（如

Ne、Kr、Ar)和化学性质较活泼的卤素原子 F 组成。一般情况下,惰性气体原子不会和其他原子形成分子。但是当把其与卤素元素混合,再以放电的形式加以激励,就能成为激发态的分子。当激发态的分子跃迁回基态时,会立刻分解,还原成本来的状态,同时释放出光子,经谐振腔共振放大后,发射出高能量的深紫外激光。这种处于激发态的分子寿命极短,只有 10～20ns,故称为"准分子"[81]。

激光器的正常运行需要定期更换工作气体,早期的准分子激光器每产生 10 万个脉冲便需要更换一次工作气体。随着技术的发展,当前商用光刻机的准分子激光器可以做到每产生 20 亿个脉冲更换一次工作气体[81]。更换一次气体可以支撑光刻机持续运行数天。

重复频率是准分子激光器的重要指标,指激光器单位时间内发出的脉冲数。单个脉冲能量不变的条件下,当激光器重复频率增高时,达到同等曝光剂量所需的时间减少,从而可以提升光刻机产率。准分子激光器自 20 世纪 80 年代用于光刻机以来,重复频率已由最初的 200Hz 提升至目前的 6kHz。

未经过线宽压窄的准分子激光器的线宽约为 0.3nm,

该线宽对于光刻机而言过大，将导致投影物镜产生很大的色差，严重影响光刻机成像质量。随着线宽压窄等技术的发展，目前准分子激光器的线宽已压窄到 0.3pm[80]。线宽稳定性直接影响 CDU，也是准分子激光器的重要性能指标，目前用于 193nm 浸液光刻机的 ArF 准分子激光器的光源线宽稳定性已达到 ±0.005pm[82]。

准分子激光器技术的主要难点是需要同时实现高脉冲能量和窄线宽。光刻机需要高的脉冲能量以保证产率，同时需要窄线宽来保证成像质量，而压窄线宽会降低脉冲能量。解决该问题可采用注入锁相技术，在主激光腔内产生激光脉冲并进行线宽压窄。线宽压窄后的激光脉冲进入激光放大腔进行能量放大，同时实现高脉冲能量和窄线宽。

对于步进扫描投影光刻机而言，脉冲能量稳定性是准分子激光器的一项重要指标。步进扫描投影光刻机每次曝光需要积累一定数量的脉冲来达到要求的剂量，准分子激光器的脉冲能量稳定性制约着光刻机的曝光剂量稳定性。因此准分子激光器需要在一定的重复频率下实现高脉冲能量稳定性。

5.3　EUV 光源

　　EUV 光源主要有两种，即放电等离子体光源
（discharge produced plasma source，DPP）和激光等离子
体光源（laser produced plasma source，LPP）。DPP 光源
主要有中空阴极放电等离子体、毛细管放电等离子体、
激光辅助放电等离子体（laser-assisted discharge plasma，
LDP）等几种光源类型。图 5-4（a）为德国 Xtreme 公司
的一种 LDP 光源原理示意图。两个边缘附着锡（Sn）的
转盘分别连接到两个电极上，电极之间加有高压。用脉冲
激光照射其中一个转盘边缘，使附着于其上的 Sn 蒸发，
从而将高压电极导通，产生放电等离子体，辐射 EUV 光，
经收集镜汇聚于中间焦点（intermediate focus，IF）。

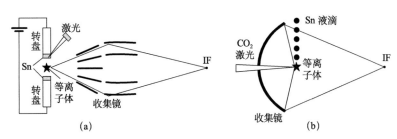

● 图 5-4　EUV 光源

（a）DPP 光源；（b）LPP 光源[84]

目前商用 EUV 光刻机采用的是 LPP 光源，其工作原理如图 5-4（b）所示。通过高功率 CO_2 激光与 Sn 液滴相互作用，产生等离子体，辐射 EUV 光。基本结构如图 5-5 所示，主要由主脉冲激光器、预脉冲激光器、光束传输系统、Sn 液滴靶、Sn 回收器、收集镜、靶室等构成。主脉冲激光器通常采用高功率 CO_2 激光器。主脉冲与预脉冲经光束传输系统后聚焦于收集镜的焦点上。Sn 液滴靶产生的 $20\sim30\mu m$ 直径的液滴先后被预脉冲与主脉冲轰击[85]，转化为高温 Sn 等离子体，辐射出 13.5nm 波长的 EUV 光[86]，经收集镜汇聚于 IF。图 5-6 为 ASML 公司的 LPP EUV 光源。

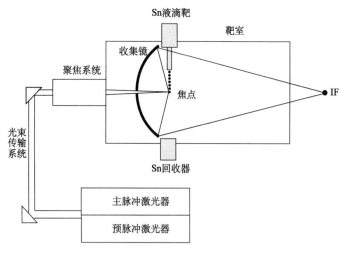

图 5-5　LPP EUV 光源基本结构示意图

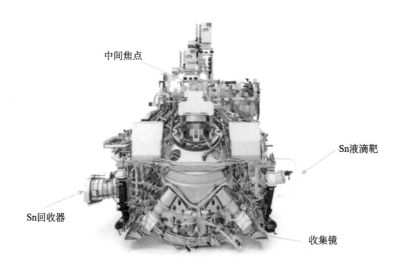

中间焦点

Sn液滴靶

Sn回收器

收集镜

●图 5-6　ASML 公司的 LPP EUV 光源（未含主脉冲与预脉冲激光器）[83]

目前 LPP EUV 光源已实现 250W 以上的光功率输出，可满足 7nm 与 5nm 技术节点芯片量产的需求。在 3nm 技术节点，EUV 光源的功率需要提高到 1kW 及以上[87]。LPP 光源目前正在向 500W，进而向 1kW 发展。另外，极紫外自由电子激光（EUV-FEL）光源有可能产生 10kW 等级的 EUV 光输出，可同时满足约 10 台高 NA EUV 光刻机的曝光需求[88]，也是 EUV 光源可能的发展方向之一。

第 6 章

光刻机关键分系统

光刻机主要包括照明、投影物镜、工件台/掩模台、对准、调焦调平等分系统。照明系统为掩模面提供照明光束。投影物镜用于将掩模图形成像到硅片面。工件台与掩模台分别用于承载硅片与掩模，并实现二者的高精度同步扫描等功能。对准系统用于精确测量并调整掩模与硅片的相对位置，使掩模图形在硅片上的曝光位置偏差在容限范围之内。而调焦调平系统用于测量并调整硅片面在光轴方向的位置，使其处于投影物镜的焦深范围内。

光刻机性能指标的实现依赖于光刻机关键分系统的技术水平。随着指标要求的提升，光刻机关键分系统技术水平不断提高。投影物镜在高数值孔径、大视场、短波长、曝光过程中持续受热的情况下，波像差控制到亚纳米量级。工件台与掩模台在高速度、高加速度情况下实现了几纳米的同步运动精度。

6.1　照 明 系 统

照明系统位于曝光光源和掩模（掩模台）之间，主要功能包括：

（1）在掩模面整个视场内实现均匀照明；

（2）产生不同的照明模式，控制照明光的空间相干性；

（3）通过控制激光光束的能量对到达硅片面上的曝光剂量进行控制[81]。

照明不均匀性导致同一视场内各点曝光剂量不同，使得视场内 CD 不一致，是影响 CDU 的一项重要指标。照明不均匀性是指视场内各点照明光强的不一致性，可以表示为（$I_{max}-I_{min}$）/（$I_{max}+I_{min}$），I_{max} 和 I_{min} 分别表示视场内光强的最大和最小值。

为了实现均匀照明，照明系统通常采用科勒照明方式，如图 6-1 所示。科勒照明情况下，照明光瞳面与投影物镜的光瞳面共轭，掩模面与硅片面共轭。掩模面上任意一点的光强，均来自照明光瞳面上不同点的综合贡献，从而提高了照明均匀性[62]。

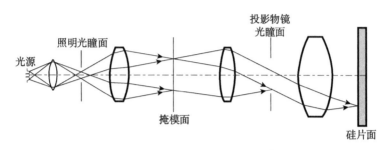

光源　照明光瞳面　掩模面　投影物镜光瞳面　硅片面

● 图 6-1　科勒照明光路示意图[80]

照明系统的部分相干因子 σ 表征照明光空间相干性的强弱。σ 越小，空间相干性越强，$\sigma=0$ 意味着完全相干。σ 越大，空间相干性越弱，$\sigma=1$ 表示完全不相干。与相干照明相比，部分相干照明，特别是离轴照明，能够明显提高成像对比度和分辨率。

照明模式和 σ 因子会影响焦深和曝光剂量裕度，对曝光成像具有至关重要的作用。部分相干因子 σ 决定投影物镜光瞳面上的采样区域，投影物镜采样区域内的波像差影响成像质量。通常情况下，采样区域不同，波像差不同，因此不同的部分相干因子 σ 会导致空间像具有不同的光强分布[62]。

随着投影物镜数值孔径的不断增大，照明光的偏振态对投影物镜成像质量的影响越来越明显。为确保大数值孔径下的成像质量，光刻机照明系统由传统照明升级为偏振照明。相对于传统照明系统，偏振照明系统增加了偏振控制单元，用于产生所需要的照明偏振态。

典型的偏振照明系统包括 ASML 公司的 Aerial XP 照明系统和 Nikon 公司的 POLANO 照明系统。Aerial XP 照明系统采用衍射光学元件（diffractive optical elements，DOE）产生照明光瞳形状。DOE 是一种纯相位元件，其相位通常仅有 8 个或者 2 个灰度等级。即便只有 2 个灰度等级，DOE 也可以产生任意形状的光瞳分布。图 6-2 是 Aerial XP 照明系统产生的偏振照明模式示意图，图中箭头表示照明光的偏振方向。

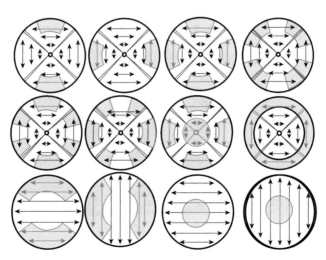

● 图 6-2　Aerial XP 照明系统产生的偏振照明模式[89]

　　光源优化（source optimization，SO）、光源掩模联合优化（source and mask optimization，SMO）等技术的发展，需要能快速生成任意照明模式的自由照明系统。典型的自由照明系统包括 ASML 的 FlexRay 系统和 Nikon 公司的 Intelligent Illuminator 系统。

　　FlexRay 系统的核心是一个可编程微反射镜阵列，如图 6-3（a）所示。微反射镜阵列中有数千个微反射镜，每个微反射镜都可以在照明系统光瞳面上产生一个光点，如图 6-3（b）所示。光点的位置是任意的，不同的光点可以相互叠加，照明方式由所有的微反射镜共同生成。FlexRay 系统改变照明方式时只需要改变各个微反射镜的偏转角度[90]。通过软件控制每个微反射镜的指向，得到目标光源，如图 6-3（c）所示。与 Aerial XP 相比，FlexRay 产生自由照明的过程更快速、便捷和灵活[90]。

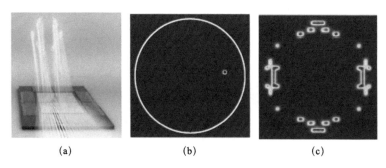

(a)　　　　　　　　　(b)　　　　　　　　　(c)

🔺 图 6-3　FlexRay 系统（a）微反射镜阵列；（b）单个光点示意图；
（c）目标光源[90]

照明系统通常采用能量监测单元与可变透过率单元来控制曝光剂量。能量监测单元用于监测准分子激光器发出的单个脉冲能量，根据监测结果控制激光器后续产生的单脉冲能量，使累积的能量达到预定的曝光剂量。可变透过率单元根据曝光剂量及其均匀性的要求改变光的透过率，调整照明光的光强。

6.2　投影物镜系统

投影物镜的功能是将掩模图形按照一定的缩放比例成像到硅片面。目前用于芯片制造的主流光刻机的投影物镜通常采用 4× 缩小倍率。由于掩模图形的线宽是硅片上的 4 倍，采用缩小倍率降低了掩模制造难度、减小了掩模缺陷对成像质量的影响[81]。

光刻机投影物镜主要有全折射式、折反式与全反射式三种，如图 6-4 所示。全折射式投影物镜的物面光轴与像面光轴一致，便于集成装配。但镜片的色散会导致投影物镜存在较大的色差。为减小色差，必须严格控制光源线宽。全折射式投影物镜通常用于干式光刻机中。

光刻技术的发展要求投影物镜的数值孔径越来越大，采用全折射式结构实现高数值孔径，将明显增大物镜镜片的尺寸，镜片的加工与镀膜难度更高。

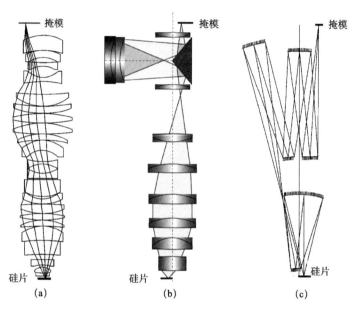

● 图 6-4　光刻机投影物镜结构示意图

（a）全折射式[91]；（b）折反式[91]；（c）全反射式[92]

折反式结构可以有效控制色差，同时保持较小的物镜体积，通常用于数值孔径更高的浸液光刻机中。由于 EUV 波段的光可被几乎所有光学材料强吸收，EUV 光刻机投影物镜只能采用全反射式结构。

为了提高光刻分辨率，曝光光源的波长不断减小，导致投影物镜的可用材料种类越来越少。由于大部分光学材料在深紫外（DUV）波段透过率都很低，当波长到 248nm 和 193nm 波段，可用材料只有熔融石英与氟化钙。满足光刻机投影物镜要求的这两种材料，世界上只有少数几家材料供应商能够提供。

随着集成电路特征尺寸的持续减小，投影物镜成像质量的控制要求越来越严格，投影物镜的像差不断减小。目前高端 ArF 浸液光刻机的波像差与畸变已经降低到 1nm 以下 [93, 94]，接近零像差。为控制投影物镜成像质量（像质），需要高精度像质检测技术，在投影物镜集成装配阶段对成像质量进行离线检测。

根据检测结果，可通过调整投影物镜的可动镜片等方式补偿像差，改善成像质量。图 6-5 为 Canon 公司 FPA-6000AS4 光刻机的投影物镜结构示意图，图中镜片驱动单元用于驱动可动镜片产生位移，进行像差补偿，实现成像质量控制 [95]。

可动镜片仅能实现低阶波像差的补偿。随着对投影物镜成像质量要求的提高，需要补偿高阶波像差，可通过更精密的自由波前控制技术实现。图 6-6 为 ASML 公司的自由波前控制技术——FlexWave 的基本原理示意图。

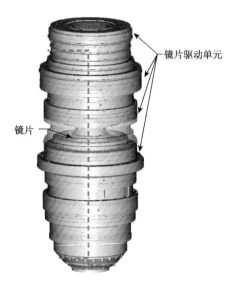

镜片驱动单元

镜片

● 图 6-5　Canon 公司 FPA-6000AS4 光刻机的投影物镜结构示意图[95]

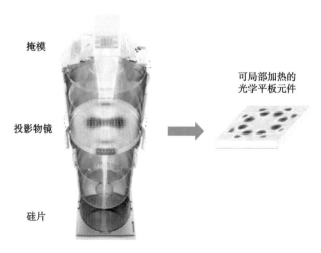

掩模

投影物镜

硅片

可局部加热的
光学平板元件

● 图 6-6　ASML 公司的 FlexWave 技术原理示意图[96]

在投影物镜光瞳附近增加可局部加热的光学平板元件，通过控制该元件局部温度的变化改变材料折射率，实现高阶波像差的补偿。FlexWave 技术还可以与 SMO 技术相结合，实现照明、掩模、投影物镜的协同优化，提高光刻机的成像质量[96]。

Nikon 公司采用变形镜（deformable mirror）技术对高阶波像差进行控制。该技术的基本原理如图 6-7 所示。在投影物镜光路中增加变形镜，通过控制变形镜的形变改变光程，实现高阶波像差的补偿。该技术的波像差控制精度可达 0.02nm（3σ），响应时间小于 50ms[97]。

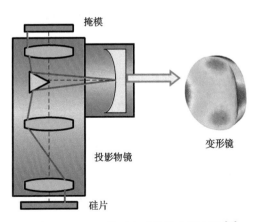

◆ 图 6-7　Nikon 公司变形镜技术原理图[98]

投影物镜材料的非均匀性、固有双折射、应力双折射以及光学元件的非理想镀膜等会引起偏振相关的波前畸变，产生偏振像差。偏振像差会降低光刻成像质量，影响光刻机的套刻精度、CDU 等性能指标。特别是对于大数值孔径的光刻机，偏振像差对成像质量的影响更为明显。为了减小偏振像差的影响，需要对其进行高精度的检测与控制[99]。

6.3 工件台 / 掩模台系统

投影光刻机以成像的方式将掩模图形转移到硅片面。成像质量直接决定了图形转移的质量。光刻机主要性能指标的实现依赖于成像质量。

步进扫描投影光刻机以扫描的方式将掩模图形成像到硅片面。扫描过程中，掩模图形与硅片面当前曝光场需要保持严格的物像关系，掩模图形的每一点都需要精准地成像到硅片面上对应的像点处。需要掩模台与工件台高精度的同步运动，以确保光刻机动态成像质量[100]。工件台与掩模台的同步运动误差，会导致成像位置偏移，降低动态成像质量，直接影响光刻机的分辨率和套刻精度。

掩模图形在硅片面的成像质量与硅片面在光轴方向的位置直接相关。为确保成像质量，需要硅片面当前曝光场处于投影物镜的焦深范围之内。硅片面在光轴方向的位置精度依赖于工件台的轴向定位精度。为将掩模图形高精度地成像到硅片面指定位置处，需要工件台与掩模台在水平方向上具有高精度的定位功能，实现掩模与硅片的高精度对准。

硅片曝光过程中，工件台需要反复进行步进、加速、扫描、减速等运动。实现高产率要求工件台具有很高的步进速度、很高的加速度与扫描速度。

目前高端 ArF 浸液光刻机的分辨率已达到 38nm，套刻精度和产率已分别达到 1.4nm 和 275wph。为实现这些指标，工件台的定位精度已达到亚纳米量级，速度达到 ~1m/s，而加速度达到 $30m/s^2$，甚至更高。$30m/s^2$ 的加速度远高于目前全球最顶尖跑车的加速度水平。

对于 38nm 分辨率来说，光刻机在高速扫描曝光过程中，工件台与掩模台的同步运动误差的平均值（moving average，MA）和标准差（moving standard deviation，MSD）需要分别控制到 ~1nm 和 ~7nm[73]。

工件台以 1m/s 的速度与掩模台同步扫描时，若 MA

控制到 1nm，相当于两架时速 1000km 的飞机同步飞行，两者相对位置的偏差平均值要控制到～0.28μm（人类头发丝直径的～1/300），如图 6-8 所示。这个难度远高于坐在其中一架飞机上，拿着线头穿进另一架飞机上的缝衣针针孔（针孔宽度～500μm）。此外，工件台 / 掩模台在高速扫描曝光过程中，硅片面需要控制在投影物镜～100nm 的焦深范围之内。以上加速度、速度、同步运动精度、定位精度等指标的实现对超精密机械技术而言是极大的挑战。

🔺 图 6-8　两架以时速 1000km 同步飞行的飞机

图 6-9 给出了一种步进扫描投影光刻机工件台结构，包括基座、驱动电机、承片台、双频激光干涉仪等部分。

承片台两侧的方镜反射激光干涉仪发出的测量光束，干
涉仪实时测量承片台的位置。测量结果用于补偿工件台
与掩模台的位置误差，实现水平方向（X-Y 方向）的高
精度定位。水平方向上采用长行程电机与短行程电机结
合的驱动方式。长行程电机用于大行程、粗的定位控制，
短行程电机用于高精度运动定位。硅片面的 Z 向位置由
调焦调平传感器测量得到，通过工件台 Z 向电机进行
调节。

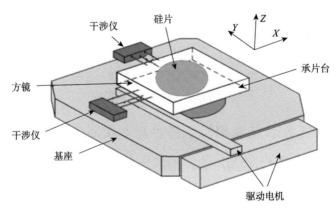

● 图 6-9　步进扫描投影光刻机工件台结构示意图[103]

　　工件台的定位精度依赖于其位置测量精度。如图 6-10
（a）所示，由于工作光路较长（100mm～500mm），双频
激光干涉仪容易受到空气扰动、工件台振动等因素的影
响。与双频激光干涉仪相比，光栅尺技术的测量光路较

短（<15mm），如图 6-10（b）所示，由于受环境因素的影响大幅降低，测量稳定性明显提高[72]。

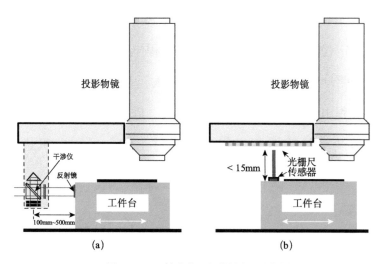

● 图 6-10　工件台位置测量原理示意图
（a）干涉仪测量技术；（b）光栅尺测量技术[104]

　　双工件台是光刻机工件台技术发展的重要里程碑。图 6-11 给出了 ASML 公司的双工件台工作流程。两个工件台分别位于测量位与曝光位，曝光与测量过程同时进行。测量位上对硅片进行对准、形貌测量等操作的同时，曝光位上对另一硅片进行曝光。由于曝光时间一般大于测量时间，因此相比于单工件台，双工件台光刻机可以采用更多的对准标记进行对准，并且能够进行硅片形貌的测量。双工件台光刻机在大幅度提高产率的同时，能够实现更高精度的对准和调焦调平[105]。

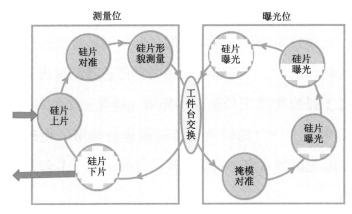

测量位　　　　　　　　　　曝光位

●图 6-11　ASML 公司的双工件台工作流程[104]

6.4　调焦调平系统

光刻机的作用是将掩模图形曝光到硅片面上的光刻胶内，经过显影后形成光刻胶图形。光刻胶图形的质量与曝光时硅片面在光轴方向的位置密切相关。为满足光刻胶图形质量要求，硅片面在光轴方向的位置必须控制在一定范围之内，这个范围即焦深（depth of focus, DOF）。对掩模图形进行曝光时，整个曝光场必须处于焦深之内，而曝光场内不同位置处，焦深通常不一样。使得整个曝光场内光刻胶图形质量都能满足要求的焦深称为可用焦深（usable depth of focus，UDOF）[81]。

光刻机对掩模图形曝光时，必须对硅片面进行高精度的调焦调平。首先通过调焦调平传感器测量出硅片面相对于投影物镜最佳焦面的距离（离焦量）和倾斜量。然后通过工件台的轴向调节机构进行调节，使硅片面的待曝光区域垂直于投影物镜的光轴并位于其焦深范围之内。

对于给定的光刻机，芯片特征尺寸越小，对应的焦深也越小。投影光刻机的焦深通常仅有数百纳米，ArF浸液光刻机的焦深在100nm以下。为确保硅片面当前曝光场处于100nm焦深范围之内，要求调焦调平传感器达到几纳米的测量精度。

调焦调平传感器通常采用光学三角法测量硅片面的离焦量，其基本原理如图6-12所示。测量光以一定的角度θ入射到硅片面，经硅片面反射到探测器上。硅片面处于不同的离焦位置时，反射光在探测器上的位置不同，因此可以根据反射光在探测器上的位置获取硅片面的离焦量信息。硅片的倾斜量可通过测量硅片面多个位置的离焦量得到。

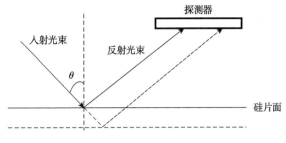

●图 6-12 光学三角法测量硅片离焦量的基本原理

ASML 公司调焦调平传感器的测量原理如图 6-13 所示。光源发出的光束照射振幅型投影光栅，投影光栅以一定的倾斜角度 θ 投影到硅片面。由于倾斜入射，硅片离焦量的变化使得投影光栅的像在探测光栅上发生移动。探测器用于检测透过探测光栅后的光强。光强随着硅片离焦量的变化而变化，根据光强变化可获得硅片面的离焦量变化。投影光栅与探测光栅的周期与入射角 θ 等决定了测量分辨率。通过使用足够大的入射角和足够小的光栅周期，该技术可探测到 1nm 的硅片面离焦量变化[78]。

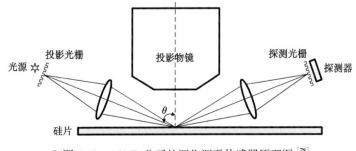

●图 6-13 ASML 公司的调焦调平传感器原理图[78]

芯片制造需要进行多次曝光，将多个掩模图形逐层曝光到硅片面。自第二层图形起，硅片上已经存在一层或者多层图形。这些图形表面对光的反射会引起硅片面的离焦量测量误差[106]。图形表面的反射与测量波长有关[107]，ASML 公司早期采用可见光进行调焦调平测量。2013 年在其新推出的机型 NXT：1970Ci 上配备了紫外光调焦调平传感器，使用宽带紫外光代替可见光作为测量光源。在光刻胶表面紫外光部分反射，透过光刻胶的紫外光被强吸收，从而降低了硅片上已有图形的光反射导致的测量误差[78]，提高了工艺适应性。

6.5 对 准 系 统

集成电路的制造过程中，需要光刻机将多个掩模图形逐层曝光到硅片上，每一层图形都需要精准的曝光到硅片面的对应位置上，以确保套刻精度。因此，曝光之前需要将掩模与硅片进行高精度的对准。首先需要测量出掩模与硅片的相对位置，然后根据测量结果移动工件台与掩模台，实现掩模与硅片的对准。目前光刻机的套刻精度已经达到 2nm 以内，要求对准位置的测量精度优于 1nm。

对准包括同轴对准与离轴对准。同轴对准的测量光路经过光刻机的投影物镜，用于测量掩模的位置。离轴对准系统的测量光路不经过投影物镜，具有独立的光学模块，用于测量硅片的位置。掩模与硅片相对位置关系的建立通过离轴对准结合同轴对准来实现。

图 6-14 为 ASML 公司通过 TIS（transmission image sensor）同轴对准与 ATHENA（advanced technology using high order enhancement of alignment）离轴对准实现掩模与硅片对准的过程。首先由 ATHENA 离轴对准系统检测出硅片对准标记与工件台基准标记的位置，分别如图 6-14（a）和（b）所示。然后由 TIS 同轴对准系统将掩模上的 TIS 标记投影成像到工件台上的 TIS 像传感器上，检测出掩模的位置，如图 6-14（c）所示。最后根据 ATHENA 和 TIS 的测量结果，计算出掩模与硅片的相对位置关系。

ATHENA 离轴对准技术的基本原理如图 6-15 所示。照明光束经反射镜反射后，入射到硅片对准标记上产生衍射。衍射光经过对准光学系统后，在参考光栅处形成対准标记的像，透过参考光栅后形成莫尔条纹。对准过程中，工件台带动硅片沿 x 方向移动，硅片对准标记的像在参考光栅上的位置随之变化。探测器探测到的光强也随之变化，光强达到最大值时对应的位置 x_0 即为 x 方向的对准位置。

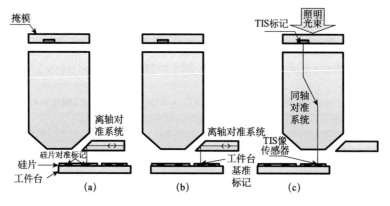

● 图 6-14 ASML 公司的 TIS 同轴对准与 ATHENA 离轴对准

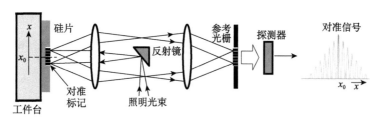

● 图 6-15 ATHENA 离轴对准技术原理示意图[78]

ATHENA 技术采用 632.8nm 波长的红光和 532nm 波长的绿光作为照明光源，利用对准标记的 $\pm1 \sim \pm7$

级衍射光进行对准，共形成 14 个测量通道。通过组合使用这些测量通道，可以实现精确的对准，并具有很好的工艺适应性。1999 年，ASML 公司在面向 150nm 技术节点的 PAS 5500/700B 机型上首次引入 ATHENA 离轴对准技术[108]。随着芯片特征尺寸的减小，对套刻精度的要求越来越高，对对准系统的精度和工艺适应性提出了越来越高的要求。

2007 年，ASML 公司在面向 65nm 技术节点的浸液光刻机 XT 1400Ei 上引入了 SMASH（smart alignment sensor hybrid）对准技术。与 ATHENA 技术相比，SMASH 技术增加了 780nm 和 850nm 两种近红外探测波长，而且采用自参考干涉技术，不需要使用参考光栅，对准标记的设计具有更大的灵活性，可以自由地优化光栅周期、尺寸等参数，进一步提高了对准精度和工艺适应性[78, 109]。

2017 年 ASML 公司在面向 7nm 技术节点的浸液光刻机 NXT 2000i 上引入了 ORION 对准技术。在 SMASH 技术的基础上，每个波长的照明光使用两种偏振态，使得对准信号的通道数翻倍。对准过程中可以选定一个或者组合使用多个信号通道，使得测量信号具有足够高的对比度，而且对标记的非对称变形不敏感，从而进一步提高了对准精度和工艺适应性[110]。ORION 对准技术是 NXT 2000i 光刻机实现 1.4nm 套刻精度的重要技术支撑。

第 7 章
计 算 光 刻

为实现更高的分辨率、套刻精度等性能指标，光刻机软硬件系统不断发展。照明系统由支持环形、二极、四极等照明方式的传统照明系统发展为自由照明系统。投影物镜由干式发展到浸液式，数值孔径不断增大、像差不断减小。掩模台、工件台、对准、调焦调平等系统不断发展。然而光刻机软硬件系统的更新换代是阶段性的，一种新机型诞生后，其软硬件在较长的一段时间内保持不变。这种情况下如何提高光刻成像质量成为推动芯片向更高集成度发展的关键因素。

对于给定的光刻机，相同的掩模图形在不同照明方式下的成像质量可以相差很多。相同的照明方式下不同掩模图形的成像质量通常也存在较大差异。对于给定的光刻机和掩模图形，采用不同的工艺参数获得的光刻成像质量通常也不同。采用数学模型和软件算法对照明方式、掩模图形与工艺参数等进行优化，可有效提高光刻机成像质量，此类技术即计算光刻技术（computational lithography）[111]。计算光刻技术主要包括光学邻近效应修正技术、亚分辨辅助图形技术、光源掩模联合优化技术、反演光刻技术等。

7.1 光学邻近效应修正

光学邻近效应是指曝光时由于掩模图形对光的衍射以及投影物镜数值孔径的限制，导致光刻胶图形偏离目标图形的效应。光学邻近效应修正技术（optical proximity correction，OPC）是指通过改变掩模图形尺寸和形状修正光学邻近效应[112]，提高光刻成像质量的技术，其基本原理如图 7-1 所示。可分为基于规则的 OPC 技术（rule-based OPC）与基于模型的 OPC 技术（model-based OPC）两种[113]。

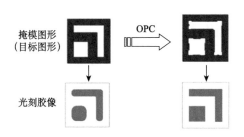

掩模图形（目标图形）　OPC

光刻胶像

● 图 7-1　OPC 技术原理示意图

基于规则的 OPC 技术根据掩模图形修正规则对掩模

图形线宽和形状进行修正，主要应用于 250nm～180nm 技术节点。自 130nm 技术节点开始使用基于模型的 OPC 技术。

基于模型的 OPC 技术利用光刻成像模型计算曝光后的光刻胶图形。利用优化算法优化掩模图形的边缘位置使得评价函数最小。评价函数通常采用边缘放置误差（edge placement error，EPE）进行定义，描述光刻胶图形边缘与目标图形边缘的位置差异，数值越小表示光刻胶图形与目标图形的一致性越高。90nm 及以下技术节点使用的 OPC 技术均为基于模型的 OPC 技术 [22, 81]。

7.2 亚分辨辅助图形技术

亚分辨辅助图形技术（sub-resolution assistant features，SRAF）也是一种修正光学邻近效应的技术。该技术几乎与基于模型的 OPC 技术同时引入芯片制造中，可分为基于规则的 SRAF 技术（rule-based SRAF）与基于模型的 SRAF 技术（model-based SRAF）两种 [114]。

基于规则的 SRAF 技术根据辅助图形插入规则来添

加亚分辨率辅助图形，首先应用于 90nm 技术节点的芯
片量产。基于模型的 SRAF 技术利用光刻成像模型来计
算掩模图形的成像对比度，通过优化调节辅助图形的尺
寸与位置提高成像质量，首先应用于 45nm 技术节点的
芯片量产[112]。

辅助图形的尺寸、位置等参数以及插入规则与工艺
条件密切相关，如果工艺条件发生改变，相应的参数与
规则需要重新设计计算。并根据需要对插入的辅助图形
进行合并与删除等操作以满足掩模可制造性约束条件。

掩模上通常既有密集图形也有稀疏图形。两种图形
的工艺窗口一般不一致。图 7-2 给出了 SRAF 技术的基
本原理，图中横轴表示图形的周期，纵轴表示工艺窗口。

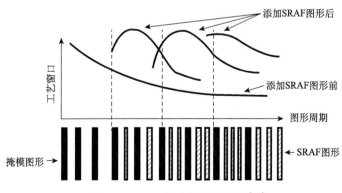

● 图 7-2　SRAF 技术原理示意图[115]

掩模上线条图形的周期自左至右逐渐增大。照明方式等工艺参数根据左侧的密集图形进行了优化。未添加亚分辨率辅助图形时，图形的工艺窗口随周期增大而变小。采用 SRAF 技术，在稀疏图形中插入亚分辨率辅助图形（SRAF 图形），使得稀疏图形变得"密集"，增大了稀疏图形的工艺窗口，提高了稀疏图形与密集图形工艺窗口的一致性。

随着图形周期的增大，为了获得更好的工艺窗口，插入的亚分辨率辅助图形的数量和线宽进行了调整。由于插入的图形为亚分辨率图形，因此这些辅助图形不会曝光到光刻胶上。为获得更高的成像质量，SRAF 技术与 OPC 技术通常组合使用。

7.3 光源掩模联合优化

光源掩模联合优化技术（source and mask optimization，SMO）通过同时优化照明光源和掩模图形提高光刻成像质量[116]，其基本原理如图 7-3 所示。包括基于参数化光源模型的 SMO 技术与基于像素化光源模型的 SMO 技术。

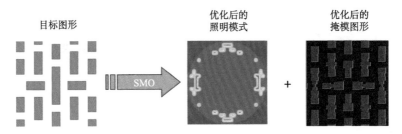

● 图 7-3　SMO 技术原理示意图

　　基于参数化光源模型的 SMO 技术具有数据处理量较小、运算速度快的优点。但由于其可优化参数较少、优化自由度较低，优化效果较差。基于像素化光源模型的 SMO 技术明显提高了优化自由度，优化后成像质量进一步提高。在自由照明系统的支撑下，SMO 技术成为 28nm 以下技术节点不可或缺的计算光刻技术之一。

7.4　反 演 光 刻

　　反演光刻技术（inverse lithography technology，ILT）是根据目标图形利用光刻成像模型反向计算出掩模图形的技术[112]，其基本原理如图 7-4 所示。相比于 OPC 和 SRAF 技术，利用 ILT 技术计算出掩模图形后进行光刻，得到的光刻胶图形与目标图形的一致性更好。

掩模图形　　　　　　　　　　　　　　　　　目标图形

光刻成像模型

● 图 7-4　ILT 技术原理示意图

ILT 技术由于计算量过大，一般不用于全芯片掩模优化。通常的做法是，首先对掩模进行光学邻近效应修正、添加 SRAF 图形。然后对掩模图形进行分析，找出掩模上仍然不能满足成像质量要求的区域。仅对这些区域内的局部图形应用 ILT 技术，之后将得到的局部图形再拼接回掩模上原来的位置。这种处理方法可节省大量时间。

随着芯片关键尺寸（CD）的减小，光刻工艺窗口逐渐减小，对关键尺寸均匀性（CDU）和套刻误差的控制提出了更严格的要求。需要综合利用多种计算光刻技术，并在光刻过程中融入更多的检测、优化与控制，扩大并稳定工艺窗口。这是一体化光刻（holistic lithography）的基本思想，是光刻技术的主要发展方向之一。

第 8 章
光刻机成像质量的提升

光刻机以成像的方式将掩模图形转移到硅片上。成像效果的好坏或者说成像质量的高低直接决定了图形转移的精准度，影响 CD、CDU 与套刻精度。高成像质量是确保光刻机性能指标的前提，为了实现高的成像质量，需要进行高精度的像质控制。光刻机的成像质量是整机的成像质量，是整机层面的概念，与整机和分系统密切相关，影响因素非常复杂。

高成像质量的实现不仅依赖于各分系统的技术水平，还依赖于控制各分系统协同工作的整机技术。光刻机整机与分系统技术的进步，使得成像质量的控制精度越来越高。伴随着像质控制精度的提升，成像质量越来越高，光刻机的分辨率、套刻精度不断提高，从而推动集成电路按照摩尔定律不断向更小技术节点发展。

8.1　光刻机的成像质量与主要性能指标

8.1.1　成像质量的影响因素

光刻机通过投影物镜将掩模图形成像到硅片面，其成像质量主要取决于投影物镜。投影物镜的畸变、波像差、偏振像差等直接影响光刻机的成像质量。但是光刻机的成像质量又不仅仅取决于投影物镜。光刻机的其他分系统，如照明、工件台/掩模台、调焦调平等分系统对成像质量均有关键性的影响。因此光刻机的成像质量是整机的成像质量，而不等同于投影物镜的成像质量。

照明系统为光刻机成像提供照明条件。照明模式、部分相干因子、偏振分布等条件直接影响光刻机的成像质量。光刻机以掩模与硅片同步扫描的方式实现整个掩模图形的成像，掩模台与工件台的同步运动误差会对成像质量产生很大影响。光刻机的成像质量与硅片面在光轴方向的位置密切相关，调焦调平系统用于测量并调节硅片面的轴向位置，其精度水平对光刻机成像质量也有重要影响。

8.1.2　成像质量对光刻机性能指标的影响

投影物镜的数值孔径与曝光波长决定了光刻机分辨率的理论极限。实际的分辨率能在多大程度上接近理论极限则取决于光刻机的成像质量。投影物镜的畸变、波像差、偏振像差等会降低光刻机的成像质量，影响分辨率。光刻机工作过程中投影物镜吸收光能产生的热效应会引起热像差，工件台与掩模台的同步运动误差会导致动态像差。热像差和动态像差都会降低光刻机成像质量，影响分辨率。

光刻机曝光过程中，硅片面需要始终处于投影物镜的焦深范围之内（图 8-1），偏离最佳焦面将明显降低成像质量。如果偏离焦深范围，成像质量将不能满足光刻机分辨率指标要求。光刻机投影物镜的场曲、像散、球差等轴向像质参数都会降低焦深，间接影响分辨率。

套刻精度用于评价硅片上的新一层图形相对于上一层图形的位置误差大小。硅片上新一层图形的位置由掩

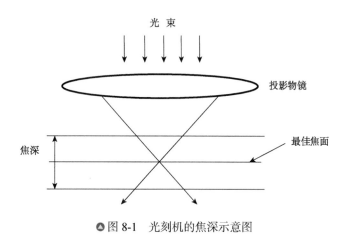

● 图 8-1　光刻机的焦深示意图

模图形在硅片面的成像位置决定。影响掩模图形在硅片面成像位置的因素都会影响套刻精度。投影物镜的波像差、偏振像差、投影物镜热效应导致的热像差、工件台与掩模台的同步运动误差导致的动态像差等像质参数都会使得掩模图形在硅片面的成像位置产生偏移，从而降低套刻精度。

随着集成电路按照摩尔定律不断向微细化方向发展，光刻机的分辨率和套刻精度越来越高。深紫外光刻机的分辨率达到了 38nm，已经逼近理论极限值 35.7nm，很难再进一步提升。为了实现集成电路的持续微细化，需要采用双重或多重图形技术，要求光刻机具有更高的套刻精度。光刻机成像质量是影响套刻精度的重要因素。

通过提升对准精度、成像质量等途径，光刻机套刻精度不断提升。通过提升套刻精度，38nm 分辨率的光刻机支撑了 14nm、10nm 乃至 7nm 技术节点集成电路的量产。

8.2　光刻机的技术进步与成像质量提升

8.2.1　光刻机成像质量与像质控制

集成电路的持续微细化对光刻机成像质量提出了越来越高的要求。为了实现高的成像质量，需要对各种像质参数进行高精度的控制。不仅需要控制初级像质参数、波像差以及偏振像差，还需要控制光刻机工作过程中投影物镜热效应产生的热像差以及工件台 / 掩模台同步运动误差导致的动态像差等。

集成电路发展的不同阶段，对光刻机成像质量的要求不同，对各种像质参数的控制要求日趋严格。技术节点达到 250nm 以前，通常只需要控制像面平移、旋转、倾斜、最佳焦面偏移、倍率变化、畸变、场曲、像散等像质参数，本书将这些参数定义为初级像质参数。随着技术节点达到 130nm，仅仅控制初级像质参数已不能满足光刻分辨率和套刻精度的要求，需要对球差、彗差等波像差进行精确控制。集成电路技术节点延伸至 90nm 时，需要控制更高阶的 Zernike 像差。65nm 及以下技术节点，需要对 Z5 到 Z37 甚至到 Z64 的波像差进行精确控制。

曝光波长为 193nm 的光刻机有干式和浸液式两种。干式光刻机投影物镜（最后一片镜片）和硅片之间的介质为空气，而浸液光刻机为超纯水。在 65nm 技术节点，干式光刻机数值孔径达到最大值 0.93。采用浸液技术使得数值孔径得以继续增大，最大达到 1.35。数值孔径的增大及偏振光照明技术的使用，使得投影物镜的偏振像差对光刻成像质量的影响不可忽略。除初级像质参数与波像差外，还需要对偏振像差进行精确控制。

光刻机工作过程中投影物镜吸收光能产生的热效应会导致热像差。光源功率的增大以及光源掩模联合优化等分辨率增强技术的应用，使得投影物镜内光强更强且分布更加不均匀，产生的热像差更大。热像差明显降低光刻成像质量，因此曝光过程中必须对其进行高精度补偿。

光刻机通过控制掩模台与工件台的同步运动实现整个掩模图形的成像。二者的同步运动误差会导致动态像差，降低光刻机成像质量，影响光刻分辨率和套刻精度。因此必须对动态像差进行高精度控制。

8.2.2　像质控制与光刻机技术进步

光刻机的作用是将多个掩模图形逐层、高质量、快速地转移到硅片上。如图 8-2 所示，为了实现图形的逐层转移，光刻机需要具备对准、步进扫描曝光的功能。为了确保图形转移的质量，光刻机需要确保高的成像质量。需要具备成像质量控制功能，实现初级像质参数、波像差、偏振像差、热像差以及动态像差等像质参数的高精度控制。这些像质参数的高精度控制与整机控制、环境控制、曝光光源，以及投影物镜、照明系统、工件台／掩模台、调焦调平等整机与分系统的技术水平密切相关。

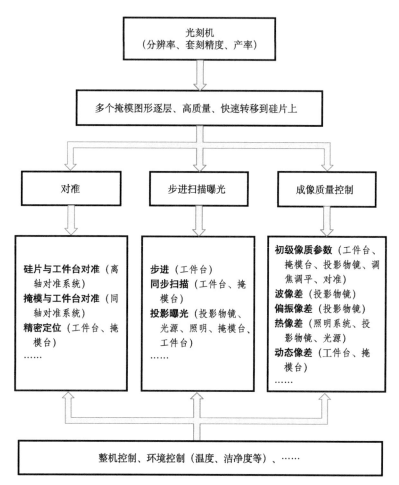

图 8-2　光刻机的功能实现与成像质量控制

　投影物镜是影响光刻机成像质量的主要分系统。为满足光刻机成像质量不断提升的需求，投影物镜的设计、制造以及像质控制水平不断提升。畸变已经控制到 0.7nm（PV），波像差已降低到 0.5nm（RMS）以下[93]。随着光源功率的增大以及光源掩模联合优化等分辨率增强技术的应用，投影物镜热效应导致的热像差对光刻机成像质量的影响越来越明显。为了降低热像差对成像质量的影响，高精度的像差补偿技术相继出现。Nikon 公司和 ASML 公司分别研发了 Quick Reflex 技术和 Flexwave 技术，分别在投影物镜中加入变形镜和可局部加热的光学平板元件，通过自由控制波前，实现了热像差的高精度补偿。

投影物镜的色差也是影响光刻机成像质量的重要因素。色差与光源线宽成正比。成像质量的不断提升，要求光源线宽不断变窄。光源的线宽稳定性也直接降低成像质量，影响关键尺寸均匀性（CDU）。高质量成像对光源线宽稳定性的要求越来越高。目前用于 193nm 浸液光刻机的 ArF 准分子激光器的线宽已经压窄到 0.3pm，线宽稳定性控制到 $\pm 0.005\text{pm}$[82]。

光刻机的成像质量与照明模式、部分相干因子、偏振分布等因素密切相关。为了提高成像质量，光刻机普遍采用离轴照明方式。20 世纪 90 年代至今，离轴照明模式经历了漫长的演变过程。2009 年左右出现了自由照明模式。随着投影物镜数值孔径的增大，为实现高质量成像，照明系统由非偏振照明升级为偏振照明。结合自由照明与计算光刻等技术，k_1 因子降低到 ~0.27，使得 193nm 浸液光刻机实现了 38nm 的分辨率。

光刻机的成像质量与硅片面轴向位置的控制精度有关，焦深越小，控制精度要求越高。随着光刻机曝光波长的减小以及投影物镜数值孔径的增大，光刻机的焦深持续减小。当前最先进的 ArF 浸液光刻机，焦深在 100nm 以下[78]。为了实现高成像质量，光刻机调焦调平技术不断发展，硅片面轴向位置的测量与调节精度不断提升，调焦调平传感器的工艺适应性逐渐提高。

工件台与掩模台的同步运动误差会导致动态像差，降低光刻机动态成像质量。随着光刻机技术发展，产率越来越高，工件台与掩模台的加速度、运动速度不断提升。为了实现高的动态成像质量，工件台与掩模台在高速扫描过程中需要达到极高的同步运动精度。对于 38nm 分辨率的光刻机，同步运动误差需要控制到 10nm 以下[73]。为了提高同步运动精度，工件台/掩模台技术持续发展，不断突破超精密机械的技术瓶颈，满足了集成电路制造对光刻机动态成像质量越来越高的要求，支撑着集成电路不断向更小技术节点发展。

光刻机作为超精密集成电路制造装备，对温度、压力、湿度、洁净度等环境因素有着严苛的要求。光刻机内部环境的温度、湿度、压力的变化都会引起气体（氮气、空气等）折射率的变化，降低成像质量。空气折射率的变化还会降低调焦调平传感器、工件台／掩模台位置测量干涉仪等光电系统的精度，进而影响成像质量。为实现高成像质量，光刻机需要环境控制系统，对内部的温度、压力、湿度、洁净度等进行高精度控制。随着成像质量的不断提高，光刻机环境控制技术不断进步。

光刻机高成像质量的实现依赖于曝光光源以及照明、投影物镜、工件台／掩模台、调焦调平等分系统的技术水平，同样依赖于控制各分系统协同工作的整机技术。光刻机整机与分系统技术的进步支撑着成像质量的不断提升。

伴随着成像质量的提升，光刻机分辨率、套刻精度不断提高，产率也在不断增加，从而推动集成电路按照摩尔定律不断向更小技术节点发展。

图 8-3　极大规模集成电路生产线[117]

参 考 文 献

[1] Sharp C H. The Edison effect and its modern applications. Journal of the American Institute of Electrical Engineers, 1922, 41（1）: 68-78.

[2] Dylla H F, Corneliussen S T. John Ambrose Fleming and the beginning of electronics. Journal of Vacuum Science & Technology A: Vacuum, Surfaces, and Films. 2005, 23（4）: 1244-1251.

[3] Delogne P. Lee de Forest, the inventor of electronics: A tribute to be paid. Proceedings of the IEEE, 1998, 86（9）: 1878-1880.

[4] Arsov G L. Celebrating 65th anniversary of the transistor. Electronics, 2013, 17（2）: 63-70.

[5] Riordan M, Hoddeson L, Herring C. The invention of the transistor//More Things in Heaven and Earth. New York: Springer, 1999: 563-578.

［6］Madou M J. Solid-State Physics, Fluidics, and Analytical Techniques in Micro-and Nanotechnology. CRC Press, 2011.

［7］Shockley W, Sparks M, Teal G K. P-N junction transistors. Physical Review, 1951, 83: 151-162.

［8］Brinkman W F, Haggan D E, Troutman W W. A history of the invention of the transistor and where it will lead us. IEEE Journal of Solid-State Circuits, 1997, 32（12）: 1858-1865.

［9］Galloway K F, Pease R L, Schrimpf R D, et al. From displacement damage to ELDRS: Fifty years of bipolar transistor radiation effects at the NSREC. IEEE Transactions on Nuclear Science, 2013, 60（3）: 1731-1739.

［10］Huff H R. From the lab to the fab: transistors to integrated circuits. AIP Conference Proceedings. American Institute of Physics, 2003, 683（1）: 3-39.

［11］Teal G K. Some recent developments in silicon and germanium materials and device. National IRE Conf., （Dayton, OH）. 1954: 551-559.

［12］Bean K E, Runyan W R. Semiconductor integrated circuit processing technology. Addison-Wesley, 1990.

［13］Deal B E. The physics and chemistry of SiO_2 and the $Si-SiO_2$ interface// Historical Perspectives of Silicon Oxidation. Boston: Springer, 1988.

［14］Hoerni J A. Planar silicon diodes and transistors. 1960 International Electron Devices Meeting. IEEE, 1960: 50-50.

［15］Kilby J S. The integrated circuit's early history. Proceedings of the IEEE, 2000, 88（1）: 109-111.

［16］ Kilby J S. Turning potential into realities: The invention of the integrated circuit（Nobel lecture）. ChemPhysChem, 2001, 2（8）: 482-489.

［17］ Kilby J S. Invention of the integrated circuit. IEEE Transactions on Electron Devices, 1976, 23（7）: 648-654.

［18］ Guarnieri M. The unreasonable accuracy of Moore's Law[Historical]. IEEE Industrial Electronics Magazine, 2016, 10（1）: 40-43.

［19］ Riordan M. From Bell labs to silicon Valley: A saga of semi-conductor technology transfer, 1955-61. The Electrochemical Society Interface, 2007, 16（3）: 36-41.

［20］ Saxena A N. Monolithic concept and the inventions of integrated circuits by Kilby and Noyce. Tech. Proc. Nano Science and Technology Inst. Ann. Conf., 2007, 3: 460-474.

［21］ Moore G E. Cramming more components onto integrated circuits. Electronics, 1965, 38（8）: 114-117.

［22］ Mack C. Fundamental principles of optical lithography: The science of microfabrication. John Wiley & Sons, 2008.

［23］ Moore G E. Progress in digital integrated electronics. Proc. IEDM Tech. Dig., 1975, 11-13.

［24］ Schaller R R. Moore's law: Past, present and future. IEEE Spectrum, 1997, 34（6）: 52-59.

［25］ San Yoo C. Semiconductor Manufacturing Technology. 北京: 电子工业出版社, 2006.

［26］ Quirk M, Serda J. Semiconductor Manufacturing Technology. Upper Saddle River, NJ: Prentice Hall, 2001.

[27] Memory lane. Nat. Electron., 2018, 1: 323.

[28] Gray R R, Hodges D A, Brodersen R W. Early development of mixed-signal MOS circuit technology. IEEE Solid-State Circuits Magazine, 2014, 6（2）: 12-17.

[29] Arai E, Ieda N. A 64-kbit dynamic MOS RAM. IEEE Journal of Solid-State Circuits, 1978, 13（3）: 333-338.

[30] Aoki M, Nakagome Y, Horiguchi M, et al. A 60-ns 16-Mbit CMOS DRAM with a transposed data-line structure. IEEE Journal of Solid-State Circuits, 1988, 23（5）: 1113-1119.

[31] Faggin F. How we made the microprocessor. Nat. Electron., 2018, 1: 88.

[32] El-Aawar H, Sous A. Applying the Moore's law for a long time using multi-layer crystal square on a chip. 2019 IEEE XVth International Conference on the Perspective Technologies and Methods in MEMS Design（MEMSTECH）. IEEE, 2019: 12-16.

[33] Henn M A, Zhou H, Barnes B M. Data-driven approaches to optical patterned defect detection. OSA Continuum, 2019, 2: 2683-2693.

[34] Shawon S M R, Syed V Ahamed. Architecture and design of micro knowledge and micro medical processing units. International Journal of Network Security & Its Applications, 2017, 9（5）: 1-20.

[35] Lojek B. History of Semiconductor Engineering. New York: Springer, 2007.

[36] 茅言杰. 投影光刻机匹配关键技术研究. 博士学位论文, 中

国科学院上海光学精密机械研究所, 2019.

[37] 孟泽江. 浸没式光刻机投影物镜偏振像差检测技术研究. 博士学位论文, 中国科学院上海光学精密机械研究所, 2019.

[38] Wikipedia contributors. Moore's law. https://en.wikipedia.org/wiki/Moore%27s_law（2020-05-31）.

[39] Bohr M. 14nm process technology: Opening new horizons. Intel Developer Forum. 2014.

[40] Gargini P A. How to successfully overcome inflection points, or long live Moore's law. Computing in Science & Engineering, 2017, 19（2）: 51-62.

[41] Theis T N, Solomon P M. It's time to reinvent the transistor! Science, 2010, 327（5973）: 1600-1601.

[42] Chau R, Doyle B, Datta S, et al. Integrated nanoelectronics for the future. Nat. Mater., 2007, 6: 810-812.

[43] Keyes R W. Physical limits of silicon transistors and circuits. Reports on Progress in Physics, 2005, 68（12）: 2701.

[44] Quhe R, Li Q, Zhang Q, et al. Simulations of quantum transport in sub-5-nm monolayer phosphorene transistors. Physical Review Applied, 2018, 10（2）: 024022.

[45] Desai S B, Madhvapathy S R, Sachid A B, et al. MoS$_2$ transistors with 1-nanometer gate lengths. Science, 2016, 354（6308）: 99-102.

[46] Roy K, Jung B, Peroulis D, et al. Integrated systems in the more-than-Moore era: Designing low-cost energy-efficient systems using heterogeneous components. IEEE Design & Test, 2013, 33（3）: 56-65.

[47] Arden W，Brillouët M，Cogez P，et al. More-than-Moore white paper. Version，2010，2：14.

[48] Ionescu A M. Nanoelectronics roadmap：Evading Moore's law. Proceedings of the 7th European Workshop on Microelectronics Education. Budapest：Budapest University of Technology and Economics，2008.

[49] Chen A. Beyond-CMOS technology roadmap. The ConFab，2015.

[50] Kaur J. Life Beyond Moore：More Moore or More than Moore—A review. Int. J. Comput. Sci. Mob. Comput，2016，5：233-237.

[51] May G S，Spanos C J. Fundamentals of semiconductor manufacturing and process control. John Wiley & Sons，2006.

[52] 夸克，瑟达. 半导体制造技术. 北京：电子工业出版社，2015.

[53] Bruning J H. Optical lithography—thirty years and three orders of magnitude：The evolution of optical lithography tools. Advances in Resist Technology and Processing XIV. International Society for Optics and Photonics，1997，3049：14-27.

[54] 诸波尔. 浸没式光刻机投影物镜波像差检测技术研究. 博士学位论文，中国科学院上海光学精密机械研究所，2018.

[55] Lin B J. A new perspective on proximity printing：From UV to X-ray. J. of Vac. Sci. Technol. B，1990，8：1539-1546.

[56] Smith B W，Suzuki K. Microlithography：Science and Technology. CRC Press，2018.

[57] Markle D A. A new projection printer. Solid State Technol., 1974, 17: 6, 50-53.

[58] Bruning J H. Optical lithography: 40 years and holding. Optical Microlithography XX. International Society for Optics and Photonics, 2007, 6520: 652004.

[59] Kato A. Chronology of Lithography Milestones. 2007.

[60] Mack C. Milestones in optical lithography tool suppliers. Lithoguru WEB site.

[61] Luryi S, Xu J, Zaslavsky A. Future trends in microelectronics: Journey into the unknown. IEEE Press, 2016.

[62] 段立峰. 基于空间像主成分分析的光刻机投影物镜波像差检测技术. 博士学位论文, 中国科学院上海光学精密机械研究所, 2012.

[63] Williamson D M, McClay J A, Andresen K W, et al. Micrascan III: 0.25μm resolution step-and-scan system. Optical Microlithography IX. International Society for Optics and Photonics, 1996, 2726: 780-786.

[64] de Zwart G, van den Brink M A, George R A, et al. Performance of a step and scan system for DUV lithography. Proc. SPIE, 1997, 3051: 817-835.

[65] https://www.asml.com/en (2020-05-31).

[66] Veendrick H. Bits on Chips. Springer, 2018.

[67] Luo X. Engineering Optics 2.0: A Revolution in Optical Theories, Materials, Devices and Systems. Springer, 2019.

[68] Dirk Jürgens. EUV lithography optics current status and outlook. Presentation, 2018.

[69] Blumenstock G M, Meinert C, Farrar N R, et al. Evolution of light source technology to support immersion and EUV lithography. Advanced Microlithography Technologies. International Society for Optics and Photonics, 2005, 5645: 188-195.

[70] Stoeldraijer J, Slonaker S, Baselmans J, et al. A high throughput DUV wafer stepper with flexible illumination source. Semicon/Japan, December, 1996.

[71] Stix G. Shrinking Circuits with Water, Scientific American. 2005, 293: 64-67.

[72] Schmidt R H M. Ultra-precision engineering in lithographic exposure equipment for the semiconductor industry. Phil. Trans. Roy. Soc. A, 2012, 370: 3951-3952.

[73] Butler H. Position control in lithographic equipment: An enabler for current-day chip manufacturing. Control Systems, IEEE, 2011, 31 (5): 28-47.

[74] https://ece.northeastern.edu/edsnu/mcgruer/class/ece1406/asmlat110000204.pdf.

[75] Brink M. Litho today, litho tomorrow. ASML Investor Day, 2016.

[76] Fomenkov I. EUVL Exposure Tools for HVM: Status and Outlook. EUVL Workshop, 2016.

[77] Mack C. Field guide to optical lithography. Vol. 6. Bellingham, WA: SPIE Press, 2006.

[78] den Boef A J. Optical wafer metrology sensors for process-robust CD and overlay control in semiconductor device

manufacturing. Surface Topography: Metrology and Properties, 2016, 4（2）: 023001.

[79] Mack C. The new, new limits of optical lithography. Proceedings of SPIE-International Society for Optics and Photonics, 2004, 5374.

[80] Lin B J. Optical Lithography: Here Is Why. SPIE Press, 2010.

[81] Levinson H J. Principles of Lithography. SPIE press, 2010.

[82] https://www.cymer.com（2020-05-31）.

[83] Young C. EUV: Enabling cost efficiency, tech innovation and future industry growth. Presentation, 2019.

[84] Wagner C, Harned N. Lithography gets extreme. Nature Photonics, 2010, 4: 24-26.

[85] Fomenkov I, Brandt D, Ershov A, et al. Light sources for high-volume manufacturing EUV lithography: Technology, performance, and power scaling. Advanced Optical Technologies, 2017, 6（3）: 173-186.

[86] Mizoguchi H, Nakarai H, Abe T, et al. Development of 250W EUV light source for HVM lithography. 2017 China Semiconductor Technology International Conference（CSTIC）. IEEE, 2017.

[87] Kawata H, Kako E, Umemori K, et al. Challenges to realize EUV-FEL high power light source exceeding 10kW by ERL accelerator technology. in High-Brightness Sources and Light-driven Interactions, OSA Technical Digest（online）（Optical Society of America, 2018）, paper ET3B. 2.

[88] Kato R. Demonstration of high-repetition FEL using cERL and

beyond EUV-FEL. The 4h EUV-FEL Workshop，2019.

[89] van Setten E，de Boeij W，Hepp B，et al. Pushing the boundary：Low-k_1 extension by polarized illumination. Proc. SPIE，2007，6520，65200C.

[90] Zimmermann J，Gräupner P，Neumann J T，et al. Generation of arbitrary freeform source shapes using advanced illumination systems in high-NA immersion scanners. Proc. SPIE，2010，7640：764005.

[91] Smith B W. Optical projection lithography. Nanolithography，Woodhead Publishing，2014.

[92] Bakshi V. EUV Lithography. SPIE Press，2009.

[93] Ohmura Y，Tsuge Y，Hirayama T，et al. High-order aberration control during exposure for leading-edge lithography projection optics. Proc. SPIE，2016，9780，97800Y.

[94] Mulkens J，de Klerk J，Leenders M，et al. Latest developments on immersion exposure systems. International Society for Optics and Photonics，2008，6924.

[95] Sudoh Y，Kanda T. A new lens barrel structure utilized on the FPA-6000AS4 and its contribution to the lens performance. Proc. of SPIE，2003，5040：1657-1664.

[96] Staals F，Andryzhyieuskaya A，Bakker H，et al. Advanced wavefront engineering for improved imaging and overlay application on a 1.35NA immersion scanner. Proc. SPIE，2011，7973：79731G.

[97] Ohmura Y，Ogata T，Hirayama T，et al. An aberration control of projection optics for multi-patterning lithography.

Proc. SPIE, 2011, 7973: 79730W.

[98] Wang Y, Liu Y. Research development of thermal aberration in 193nm lithography exposure system. International Society for Optics and Photonics, 2014, 9283.

[99] Yamamoto N, Kye J, Levinson H J. Polarization aberration analysis using Pauli-Zernike representation. Proc. of SPIE, 2007, 6520: 65200Y.

[100] Wang C, Hu J, Zhu Y, et al. Optimal synchronous trajectory tracking control of wafer and reticle stages. Tsinghua Science and Technology, 2009, 14 (3): 287-292.

[101] Burdt R, Thornes J, Duffey T, et al. Flexible power 90W to 120W ArF immersion light source for future semiconductor lithography. International Society for Optics and Photonics, 2014, 9052.

[102] https://www.icao.int/APAC/Meetings/2017%20APRAST10/ [Airbus]%20Basic_Flying_Skills_and_Upset%20 Prevention%20Training_%20ICAO_%20Bangkok.pdf (2020-06-17).

[103] He L, Wang X, Shi W. In situ surface topography measurement method of granite base in scanning wafer stage with laser interferometer. Optik, 2008, 119, 1: 1-6.

[104] Schmidt R M, Schitter G, Rankers A. The Design of High Performance Mechatronics: High-Tech Functionality by Multidisciplinary System Integration. IOS Press, 2014.

[105] Sluijk B G, Castenmiller T, de Jongh R C, et al. Performance results of a new generation of 300mm lithography

systems. International Society for Optics and Photonics，2001：4346.

[106] 孙裕文，李世光，叶甜春，等 . 纳米光刻中调焦调平测量系统的工艺相关性 . 光学学报，2016，36（08）：110-120.

[107] Simiz J G，Hasan T，Staals F，et al. Predictability and impact of product layout induced topology on across-field focus control. Metrology，Inspection，and Process Control for Microlithography XXIX. International Society for Optics and Photonics，2015，9424：94241C.

[108] van Schoot J B P，Bornebroek F，Suddendorf M，et al. 0.7-*NA* DUV step-and-scan system for 150nm imaging with improved overlay. Optical Microlithography XII. International Society for Optics and Photonics，1999，3679：448-463.

[109] Miyasaka M，Saito H，Tamura T，et al. The application of SMASH alignment system for 65-55-nm logic devices. Proc. of SPIE，2007，6518：65180H.

[110] Menchtchikov B，Socha R，Zheng C，et al. Reduction in overlay error from mark asymmetry using simulation and alignment models. Proc. of SPIE，2018，10587：105870C.

[111] https://www.asml.com/en/products/computational-lithography（2020-05-31）.

[112] 韦亚一 . 超大规模集成电路先进光刻理论与应用 . 北京：科学出版社，2016.

[113] Ma X，Arce G R. Computational Lithography. Wiley Publication，2010.

[114] 伍强 . 衍射极限附近的光刻工艺 . 北京：清华大学出版社，

2020.

[115] Liebmann L W. Resolution enhancement techniques in optical lithography: It's not just a mask problem. Photomask and Next-Generation Lithography Mask Technology VIII. International Society for Optics and Photonics, 2001, 4409: 23-32.

[116] Li S, Wang X, Bu Y. Robust pixel-based source and mask optimization for inverse lithography. Optics & Laser Technology, 2013, 45: 285-293.

[117] https://www.samsung.com/semiconductor/cn/about-us/business-overview/（2020-06-17）.